UG NX 10.0 基础教程

李　杨　李晓刚　主编

哈尔滨工程大学出版社
Harbin Engineering University Press

内容简介

全书共 8 章,由浅入深地介绍了 UG NX 10.0 的各种操作,包括 UG NX 10.0 概述与安装、UG NX 10.0 界面说明与基本设置、二维草图绘制、零件三维建模、零件的装配、工程图设计、模型的测量和分析、飞机造型综合实例。

本书非常适合广大 UG NX 10.0 初、中级读者使用,既可作为大中专院校、高职院校相关专业的教科书,也可作为社会相关培训机构的培训教材和工程技术人员的参考用书。

图书在版编目(CIP)数据

UG NX 10.0 基础教程/李杨,李晓刚主编. —哈尔滨:哈尔滨工程大学出版社,2018.8(2020.8 重印)

ISBN 978 - 7 - 5661 - 1995 - 7

Ⅰ.①U… Ⅱ.①李… ②李… Ⅲ.①计算机辅助设计 - 应用软件 - 高等职业教育 - 教材 Ⅳ.①TP391.72

中国版本图书馆 CIP 数据核字(2018)第 147038 号

选题策划 田 婧
责任编辑 丁 伟
封面设计 刘长友

出版发行 哈尔滨工程大学出版社
社 址 哈尔滨市南岗区南通大街 145 号
邮政编码 150001
发行电话 0451 - 82519328
传 真 0451 - 82519699
经 销 新华书店
印 刷 北京中石油彩色印刷有限责任公司
开 本 787 mm ×1 092 mm 1/16
印 张 10
字 数 262 千字
版 次 2018 年 8 月第 1 版
印 次 2020 年 8 月第 2 次印刷
定 价 29.80 元
http://www.hrbeupress.com
E-mail:heupress@ hrbeu. edu. cn

前　言

　　本书是以我国高等院校机械类各专业学生为主要读者对象而编写的，其内容安排是根据我国大学本科学生就业岗位群职业能力的要求，参照 UG NX 10.0 的软件特点而确定的。本书全面地介绍了 UG NX 10.0 的各个功能模块，针对功能模块的各个知识点进行了详细讲解，并辅以部分实例，使读者能够快速、熟练、深入地掌握 UG NX 10.0 设计技术。全书共 8 章，由浅入深地介绍了 UG NX 10.0 的各种操作，包括 UG NX 10.0 概述与安装、UG NX 10.0 界面说明与基本设置、二维草图绘制、零件三维建模、零件的装配、工程图设计、模型的测量和分析、飞机造型综合实例。

　　本书非常适合广大 UG NX 初、中级读者使用，既可作为大中专院校、高职院校相关专业的教科书，也可作为社会相关培训机构的培训教材和工程技术人员的参考用书。

　　由于编写时间仓促，加之笔者水平有限，书中难免存在不足和欠妥之处，恳请广大读者批评指正。

编　者

2018 年 5 月

目　　录

第1章　UG NX 10.0 概述与安装

1.1　UG 软件概述

UG(Unigraphics)是 Siemens PLM Software 公司出品的一个产品工程解决方案,它为用户的产品设计及加工过程提供了数字化造型和验证手段。Unigraphics NX 针对用户的虚拟产品设计和工艺设计的需求,提供了经过实践验证的解决方案。UG 同时也是用户指南(User Guide)和普遍语法(Universal Grammer)的缩写。UG NX 10.0 软件截图如图 1.1 所示。

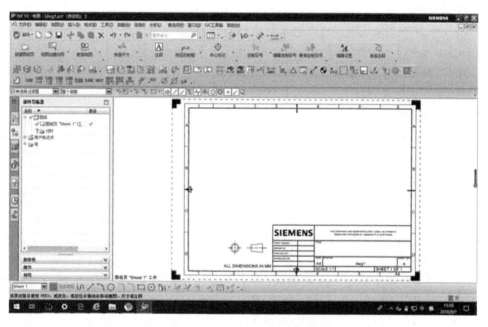

图1.1　UG NX 10.0 软件截图

UG 是目前工作中最优秀的一款模具行业三维设计软件,目前已经发展到 UG NX 10.0 版,新版本不再支持32位系统,不再支持 XP 系统,只能安装在64位 Windows 7.0、Windows 8.0 和 Windows 8.1系统上。并且 UG NX 10.0 最大的改变是:全面支持中文名和中文路径;同时新增航空设计选项、创意塑型、偏置 3D 曲线、绘制"截面线"命令,修剪与延伸命令分割成两个命令,加入了生产线设计 line Design 模块等,能够带给用户更为非凡的设计新体验。

1.2　UG NX 10.0 功能模块概述

UG NX 10.0 中提供了多种功能模块,它们既相互独立,又相互联系。下面将简要介绍 UG NX 10.0 中的一些常用模块及其功能。

1. 基本环境

基本环境模块提供了一个交互环境,它允许打开已有的部件文件、创建新的部件文件、保存部件文件、创建工程图、屏幕布局、选择模块、导入和导出不同类型的文件,以及其他一般功能。该环境还提供强化的视图显示操作、屏幕布局和层功能、工作坐标系操控、对象信息和分析以及访问联机帮助。

基本环境模块是执行其他交互应用模块的先决条件,是用户打开 UG NX 10.0 进入的第一个应用模块。在 UG NX 10.0 中,通过选择"开始"下拉菜单中的"基础环境"命令,便可以在任何时候从其他应用模块回到基本环境。

2. 零件建模

零件建模分为实体建模、特征建模、自由形状建模、钣金特征建模和用户自定义特征。

（1）实体建模

支持二维和三维的非参数化模型或参数化模型的创建、布尔操作以及基本的相关编辑,它是最基本的建模模块,也是特征建模和自由形状建模的基础。

（2）特征建模

这是基于特征的建模应用模块,支持如孔、槽等标准特征的创建和相关的编辑,允许抽空实体模型并创建薄壁对象,允许一个特征相对于任何其他特征定位,且对象可以被范例引用建立相关的特征集。

（3）自由形状建模

主要用于创建复杂形状的三维模型,该模块中包含一些实用的技术,如沿曲线的一般扫描;使用 1 轨、2 轨和 3 轨方式按比例展开形状;使用标准二次曲线方式的放样形状等。

（4）钣金特征建模

该模块是基于特征的建模应用模块,它支持专门钣金特征,可以在 Sheet Metal Design 应用模块中被进一步操作,允许用户在设计阶段将加工信息整合到所设计的部件中。该模块允许用户在设计阶段将加工信息整合到所设计的部件中。实体建模和 Sheet Metal Design 模块是运行此应用模块的先决条件。

（5）用户自定义特征

允许利用已有的实体模型,通过建立参数间的关系定义特征变量、设置默认值等。用户自定义特征可通过特征建模应用模块被任何用户访问。

3. 装配

装配应用模块支持"自顶向下"和"自底向上"的设计方法,提供了装配结构的快速移动,并允许直接访问任何组件或子装配的设计模型。该模块支持"在上下文中设计"的方法,即当工作在装配的上下文中时,可以改变任何组件的设计模型。

4. 工程图

工程图模块可以从已创建的三维模型自动生成工程图图样,用户也可以使用内置的曲线/草图工具手动绘制工程图。"制图"支持自动生成图样布局,包括正交视图投影、剖视图、辅助识图、局部放大图以及轴测视图等,也支持视图的相关编辑和自动隐藏线编辑。

5. 加工

加工模块用于数控加工模拟及自动编程,可以进行一般的 2 轴、2.5 轴铣削,也可以进行 3 轴到 5 轴的加工;可以模拟数控加工的全过程;支持线切割等加工操作;还可以根据加工机床控制器的不同来定制后处理程序,因而生成的指令文件可直接应用于用户的特定数控机床,而不需要修改指令,便可进行加工。

6. 分析

分析模块分为模流分析(Moldflow)、Motion 应用模块和智能建模(ICAD)。

7. 用户界面样式编辑器

用户界面样式编辑器是一种可视化的开发工具。

8. 编程语言

编程语言分为图形交互编程(GRIP)、NX Open C 和 C++ API 编程。

9. 质量控制

质量控制分为 VALISYS 和 DMIS。

10. 机械布管

利用机械布管模块可对 UG NX 装配体进行管路布线。

11. 钣金

钣金模块提供了基于参数、特征方式的钣金零件建模功能,并提供对模型的编辑功能和零件的制造过程,还提供了对钣金模型展开和重叠的模拟操作。

12. 电子表格

电子表格程序提供了 Xess 或 Excel 电子表格与 UG NX 之间的智能界面。

13. 电气线路

电气线路使电气系统设计者能够在用于描述产品机械装配的相同 3D 空间内创建电气配线。

1.3　UG NX 10.0 安装教程

1. 注意事项

(1)硬盘空间至少保证 14 GB 以上。

(2)安装前清除 NX 6 ~ NX 9 的许可服务。在安装之前把电脑时间调到 2014 年 5 月 1 日,并把电脑上的 NX 5 ~ NX 9 间所有的许可证删除,再安装。如果是熟悉操作许可服务的 UG 用户,可以把其他版本的许可证停止,并先不启用开机自启动,这样就不会冲突;如果是新手,直接卸载全部许可服务再进行以下步骤即可。

(3)退出所有安全软件。如 360 安全卫士、360 杀毒、qq 管家都要退出。

(4)关闭 Windows 防火墙。

2. 开始安装

(1)下载解压缩,得到 UG 10.0 原程序和破解补丁。

(2)安装 NX 许可服务。

①先建一个 Siemens 文件夹【d:\Program Files\Siemens 】。

②再将许可文件复制到 Siemens 文件夹下。

③找到文件" nx10beta – v6. lic ",用记事本打开。

④桌面上找到"计算机"右击属性,点击"高级系统设置",复制计算机名称。

⑤将计算机名称复制到 nx10beta – v6. lic 替换,并保存。

第 2 章　UG NX 10.0 界面说明与基本设置

2.1　启动 UG NX 10.0 软件

启动 UG NX 10.0 中文版有 4 种方法：

(1)双击桌面上的 UG NX 10.0 的快捷方式图标(见图 2.1)，即可启动 UG NX 10.0 中文版。

(2)单击桌面左下方的"开始"按钮，在弹出的菜单中选择"程序→Siemens NX 10.0→NX 10.0"，启动 UG NX 10.0 中文版。

图 2.1　UG NX 10.0 快捷方式图标

(3)将 UG NX 10.0 的快捷方式图标拖到桌面下方的快捷启动栏中，只需单击快捷启动栏中 UG NX 10.0 的快捷方式图标，即可启动 UG NX 10.0 中文版。

(4)直接在 UG NX 10.0 的安装目录的 UGII 子目录下双击 ugraf. exe 图标，就可启动 UG NX 10.0 中文版。

UG NX 10.0 中文版的启动画面见图 2.2。

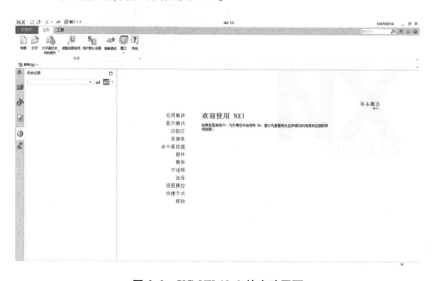

图 2.2　UG NX 10.0 的启动画面

2.2 UG NX 10.0 工作界面及设置

2.2.1 工作界面简介

在学习本节时,请先打开文件 D:\ug101\work\ch01.04\link_base.prt。

UG NX 10.0 中文版的用户界面包括标题栏、下拉菜单区、顶部工具条按钮区、消息区、图形区、部件导航器区、资源工具条及底部工具条按钮区,如图 2.3 所示。

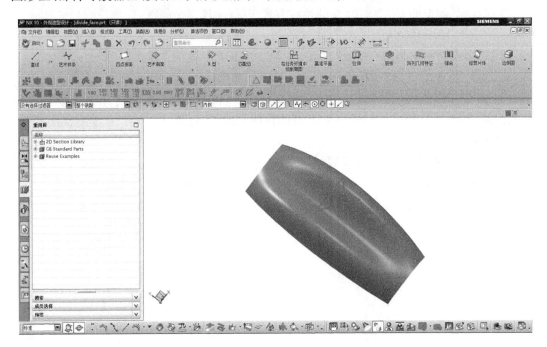

图 2.3　UG NX 10.0 中文版工作界面

1. 工具条按钮区

工具条中的命令按钮为快速选择命令及设置工作环境提供了极大的便利,用户可以根据具体情况定制工具条。

2. 下拉菜单区

下拉菜单区中包含创建、保存、修改模型和设置 UG NX 10.0 环境的所有命令。

3. 资源工具条区

资源工具条区包括装配导航器、约束导航器、部件导航器、Internet Explorer、历史记录和系统材料等导航工具。用户通过该工具条可以方便地进行一些操作。对于每一种导航器,都可以直接在其相应的项目上右击,快速地进行各种操作。

资源工具条区主要选项的功能说明如下:

(1)"装配导航器"显示装配的层次关系。

(2)"约束导航器"显示装配的约束关系。

(3)"部件导航器"显示建模的先后顺序和父子关系。

（4）"Internet Explorer"可以直接浏览网站。

（5）"历史记录"中可以显示曾经打开过的部件。

（6）"系统材料"中可以设定模型的材料。

4. 消息区

执行有关操作时，与该操作有关的系统提示信息会显示在消息区。消息区中间有一个可见的边线，左侧是提示栏，用来提示用户如何操作；右侧是状态栏，用来显示系统或图形当前的状态，如显示选取结果信息等。执行每个操作时，系统都会在提示栏中显示用户必须执行的操作，或者提示下一步操作。对于大多数命令，用户都可以利用提示栏的提示来完成操作。

5. 图形区

图形区是 UG NX 10.0 用户主要的工作区域，建模的主要过程、绘制前后的零件图形、分析结果和模拟仿真过程等都在这个区域内显示。用户在进行操作时，可以直接在图形区中选取相关对象进行操作。同时，还可以选择多种视图操作方式。

方法一：右击图形区，弹出快捷菜单，如图 2.4 所示。

方法二：按住右键，弹出挤出式菜单，如图 2.5 所示。

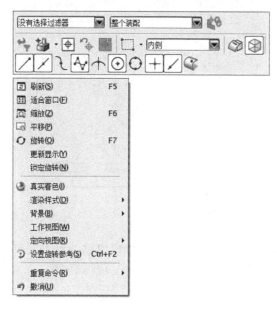

图 2.4　快捷菜单

图 2.5　挤出式菜单

6. "全屏"按钮

在 UG NX 10.0 中单击"全屏"按钮，允许用户将可用图形窗口最大化。在最大化窗口模式下再次单击"全屏"按钮，即可切换到普通模式。

2.2.2　角色设置

角色指的是一个专用的 UG NX 工作界面配置，不同角色中的界面主题、图标大小和菜单位置等设置可能都相同。根据不同使用者的需求，系统提供了几种常用的角色配置。本书中的所有案例都是在"CAM 高级功能"角色中制作,建议读者在学习时使用该角色配置,设置方法:在软件的资源条区单击角色按钮,然后在系统默认区域中选择角色即可。

读者也可以根据自己的使用习惯和爱好,进行界面配置后将所有设置保存为一个角色文件,这样可以很方便地在本机或其他计算机上调用。自定义角色的操作步骤如下。

(1)根据自己的使用习惯和爱好对软件界面进行自定义设置。

(2)选择下拉菜单 首选项(P) → 用户界面(U)... Ctrl+2 命令,系统弹出"用户界面首选项"对话框,在对话框的左侧选择角色选项,如图 2.6 所示。

图 2.6 "角色"选项

(3)保存角色文件。在"用户界面首选项"对话框中单击"新建角色"按钮,系统弹出"新建角色文件"对话框,在区域中输入"myrole",单击按钮完成角色文件的保存。

2.2.3 菜单及工具条的个性化定制

进入 UG NX 10.0 系统后,在建模环境下选择下拉菜单 工具(T) → 定制(Z)... Ctrl+1 命令,系统弹出"定制"对话框(见图 2.7),可对工具条及菜单进行定制。

图 2.7　"定制"对话框

1. 在下拉菜单中定制命令

在图 2.7 所示的"定制"对话框中单击命令选项卡,即可打开定制命令的选项卡。通过此选项卡可改变下拉菜单的布局,可以将各类命令添加到下拉菜单中。下面以下拉菜单"插入→基准/点→平面"命令为例说明定制过程。

(1)在图 2.8 中的"类别"列表框中选择按钮的种类"插入",在"命令"选项组中会出现该种类的所有按钮。

图 2.8　"定制"插入对话框

(2)右击"基准/点"选项,在系统弹出的快捷菜单中选择"添加或移除按钮"中的"平面"命令,见图2.9。

图2.9　快捷菜单

(3)单击"关闭"按钮,完成设置。

(4)选择下拉菜单"插入→基准/点"选项,可以看到"平面"命令已被添加。

2. 工具条设置

在图2.10所示的"定制"对话框中单击　**工具条**　选项卡,即可打开工具条定制选项卡。通过此选项卡能够改变工具条的布局,可以将各类工具条按钮放在屏幕的顶部、左侧、下侧或右侧。下面以图2.10所示的　**☑ 视图**　选项(这是控制基本操作类工具按钮的选项)为例说明定制过程。

(1)选中"视图"复选框,此时可看到视图类的命令按钮出现在界面上。

(2)单击"关闭"按钮。

(3)添加工具按钮。选择"添加或移除按钮→视图"命令,系统会显示出"视图"工具条中的所有按钮,单击任意按钮可以将其从工具条中添加或移除。

(4)拖动工具条到合适的位置,完成设置。

图 2.10　"工具条选项"按钮

2.3　基本操作和快捷键

2.3.1　基本的鼠标操作

使用 UG 时,最好选用含有三键功能的鼠标。在 UG 的工作环境中,鼠标的左键 MB1、中键 MB2 和右键 MB3 均含有其特殊的功能。

1. 左键(MB1)

鼠标左键用于选择菜单、选取几何体、拖动几何体等操作。

2. 中键(MB2)

鼠标中键在 UG 系统中起着重要的作用,但不同的版本其作用具有一定的差异。

3. 右键

单击鼠标右键(MB3),会弹出快捷菜单(称之为鼠标右键菜单),菜单内容依鼠标放置位置的不同而不同。

2.3.2　基本快捷键使用

在设计中,键盘作为输入设备,快捷键操作是键盘的主要功能之一。通过快捷键,设计者能快速提高效率。尤其是要反复通过鼠标进入下一级菜单的情况,快捷键的作用更明显。

UG 中的键盘快捷键数不胜数,甚至每一个功能模块的每一个命令都有其对应的键盘快捷键,表 2.1 列出了常用快捷键。

表 2.1　键盘常用快捷键

按键	功能	按键	功能
Ctrl + N	新建文件	Ctrl + J	改变对象的显示属性
Ctrl + O	打开文件	Ctrl + T	几何变换
Ctrl + S	保存	Ctrl + D	删除
Ctrl + R	旋转视图	Ctrl + B	隐藏选定的几何体
Ctrl + F	满屏显示	Ctrl + Shift + B	颠倒显示和隐藏
Ctrl + Z	撤销	Ctrl + Shift + U	显示所有隐藏的几何体

2.3.3　首选项参数设置

1. 对象首选项

选择下拉菜单"首选项→对象"命令,系统弹出"对象首选项"对话框(见图 2.11)。该对话框主要用于设置对象的属性,如颜色、线型和线宽等(新的设置只对以后创建的对象有效,对以前创建的对象无效)。

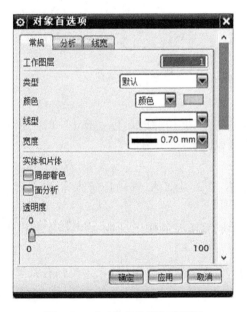

图 2.11　"对象首选项"对话框

2. "选择"首选项

选择下拉菜单"首选项→选择"命令,系统弹出"选择首选项"对话框(见图 2.12),主要用来在设置光标预选对象后,选择球大小、高亮显示对象、尺寸链公差和矩形选取方式等选项。

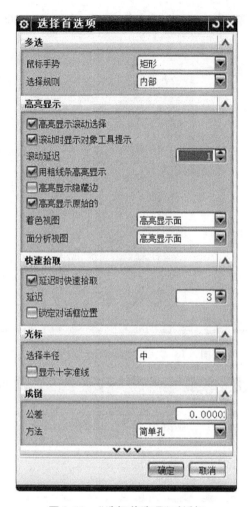

图 2.12　"选择首选项"对话框

3. "用户默认"设置

在 UG NX 软件中,选择下拉菜单"文件→实用工具→用户默认设置"命令,系统弹出图 2.13 所示的"用户默认设置"对话框,在该对话框中可以对软件中所有模块的默认参数进行设置。

"用户默认设置"对话框中单击"管理当前设置"按钮,系统弹出图 2.14 所示的"管理当前设置"对话框,在该对话框中单击"导出默认设置"按钮,可以将修改的默认设置保存为 dpv 文件;也可以单击"导入默认设置"按钮,导入现有的设置文件。为了保证所有默认设置均有效,建议在导入默认设置后重新启动软件。

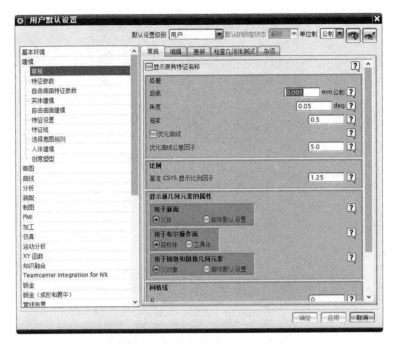

图 2.13 "用户默认设置"对话框

图 2.14 "管理当前设置"对话框

2.4　UG NX 10.0 文件的操作

2.4.1　新建文件

新建一个文件,可以采用以下步骤:

(1)创建新文件,可以选择"文件→新建"选项,或者在"快速访问工具条"中单击"新建"按钮,系统将打开"新建"对话框,如图 2.15 所示。

(2)由图 2.16 可以看出,该对话框包括了七类选项卡。其中"模型"选项卡包含了执行工程设计的各种模板;"图纸"选项卡包含了执行工程设计的各种图纸类型;"仿真"选项卡包含了仿真操作和分析的各个模板。

(3)选择"模型"选项,分别在"名称"文本框中输入文件名称并选择"文件夹"保存路径。

(4)单击"确定"按钮,完成新部件的创建。

图 2.15　新建文件

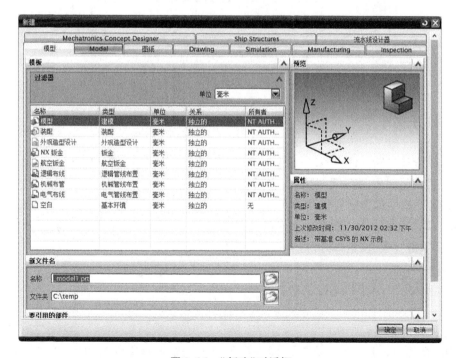

图 2.16　"新建"对话框

2.4.2　保存文件

保存文件,可以选择"文件→保存"选项,或者在"快速访问工具条"中单击"保存"按钮,即可将文件保存到原来的目录。如果需要将当前图形保存为另一个文件,可以选择"文件→另存为"选项,系统将打开"另存为"对话框,如图 2.17 所示。此时,在"文件名"文本框中输入文件名称,并指定相应的保存类型,然后单击"OK"按钮即可。

图 2.17　"另存为"对话框

2.4.3　打开文件

要打开指定文件,可以选择"文件→打开"选项,或者在"快速访问工具条"中单击"打开"按钮,系统将弹出"打开"对话框,如图 2.18 所示。

在该对话框中单击需要打开的文件,或者直接在"文件名"列表框中输入文件名,即可在"预览"窗口中显示所选图形。如果没有图形显示,则需要启用右侧的"预览"复选框进行查看,最后单击"OK"按钮,即可打开指定的文件。

2.4.4　导入、导出不同格式文件

1. 导入文件

使用"文件→打开"命令,在"文件类型"下拉列表中选择文件类型后,直接打开要导入的文件,见图 2.19。

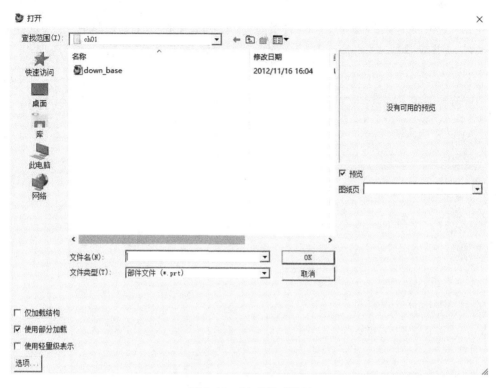

图 2.18　"打开"对话框

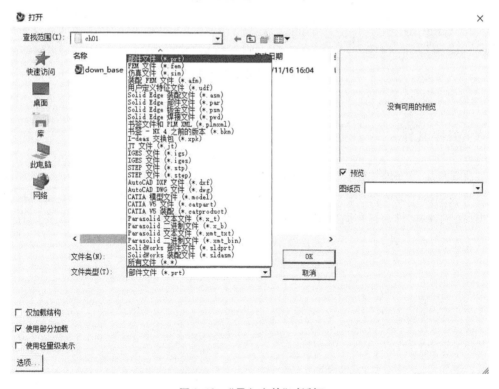

图 2.19　"导入文件"对话框

2. 导出文件

使用"文件→另存为"命令,在"文件类型"下拉列表中选择文件类型后,直接选择要导出的文件,见图 2.20。

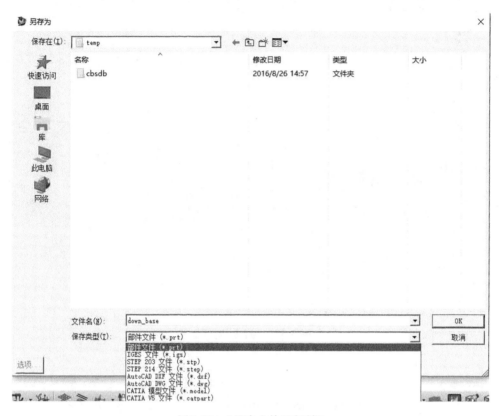

图 2.20 "导出文件"对话框

2.4.5 关闭文件

如果需要关闭当前文件,可以选择"文件→关闭"选项,在打开的子菜单中选择相应的选项进行关闭操作即可,见图 2.21。此外,还可以通过单击图形工作窗口右上角的按钮来关闭当前的工作窗口。且在退出 UG NX 10.0 软件时,系统将会自动提示是否要保存改变的文件。

图 2.21　"关闭文件"对话框

第3章 二维草图绘制

3.1 草图环境介绍

绘制草图的基础是草绘环境,该环境提供了绘制、编辑以及添加相关约束等与草图操作有关的工具,用户可以在该环境中进行二维图形的绘制。二维草图是空间某平面上的二维几何图形。通过绘制的草图可以快速地完成轮廓的设计,且可以和其生成的实体相关联。

在介绍二维草图设计之前,先介绍一下 UG NX 10.0 软件草图中经常使用的术语。

对象:二维草图中的任何几何元素(如直线、中心线、圆弧、圆、椭圆、样条曲线、点或坐标系)。

尺寸:对象大小或对象之间位置的量度。

约束:定义对象几何关系或对象间的位置关系。约束定义后,单击"显示草图约束"按钮,其约束符号会出现在被约束的对象旁边。例如,在约束两条直线垂直后,再单击"显示草图约束"按钮,垂直的直线旁边将分别显示一个垂直约束符号。默认状态下,约束符号显示为白色。

参照:草图中的辅助元素。

过约束:两个或多个约束可能会产生矛盾或多余约束。出现这种情况时,必须删除一个不需要的约束或尺寸以解决过约束。

3.1.1 草图环境的进入和退出

1. 进入草图环境的操作方法

(1)打开 UG NX 10.0 后,选择下拉菜单"文件→新建"命令(或单击"新建"按钮),系统弹出"新建"对话框,在"模板"选项卡中选取模板类型为"模型","名称"文本框中输入文件名(例如:modell. prt),在"文件夹"文本框中输入模型的保存目录,然后单击"确定"按钮,进入 UG NX 10.0 建模环境。

(2)选择下拉菜单"插入→在任务环境中绘制草图"命令(或单击"草图"按钮),系统弹出"创建草图"对话框,采用默认的草图平面,单击该对话框中的"确定"按钮,系统进入草图环境。

2. 选择草图平面

进入草图工作环境以后,在创建新草图之前,一个特别要注意的事项就是要为新草图选择草图平面,也就是要确定新草图在三维空间的放置位置。草图平面是草图所在的某个空间平面,它可以是基准平面,也可以是实体的某个表面。

"创建草图"对话框的作用就是用于选择草图平面,利用"创建草图"对话框选择某个平面作为草图平面,然后单击"确定"按钮予以确认,如图 3.1 所示。

图 3.1　进入草绘环境

3. 直接草图工具

在 UG NX 10.0 中,系统还提供了另一种草图创建的环境——直接草图,进入直接草图环境的具体工作步骤如下:

(1)新建模型文件,进入 UG NX 10.0 建模环境。

(2)选择下拉菜单"插入→草图"命令(或单击"直接草图"工具栏中的"草图"按钮),系统弹出"创建草图"对话框,选择 *XY* 平面为草图平面,单击该对话框中的"确定"按钮,系统进入直接草图环境,此时可以使用屏幕下方的"直接草图"工具栏(见图 3.2)绘制草图。

图 3.2　"直接草图"工具栏

4. 退出草图环境的操作方法

当完成草图绘制后,单击"直接草图"工具栏中的"完成草图"按钮,或者在绘图区的空白处单击鼠标右键,并在打开的快捷菜单中选择"完成草图"选项,即可退出草绘环境,如图 3.3 所示。

3.1.2　草图环境设置

进入草图环境后,选择下拉菜单"首选项→草图"命令,系统弹出"草图首选项"对话框,如图 3.4 所示。在该对话框中可以设置草图的显示参数和默认名称前缀等参数。

图 3.4 所示的"草图首选项"对话框的"草图设置"(见图 3.4)和"会话设置"(见图 3.5)选项卡的主要选项及其功能说明如下:

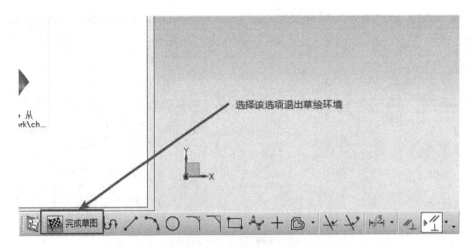

图 3.3　退出草图环境

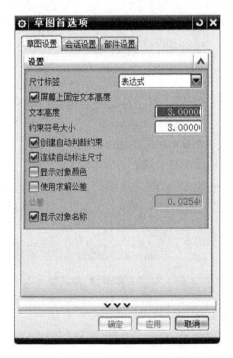

图 3.4　"草图设置首选项"对话框

1. 尺寸标签

控制草图标注文本的显示方式。

2. 文本高度

控制草图尺寸数值的文本高度。在标注尺寸时,可以根据图形适当控制文本高度,以便于观察。

3. 捕捉角

绘制直线时,如果起点与光标位置连线接近水平或垂直,捕捉角会自动捕捉到水平或垂直位置。捕捉角的意义是自动捕捉的最大角度。在捕捉角的范围内,会自动捕捉水平或垂直位置。

4. 更改视图方位

如果选中该选项,当由建模工作环境转换到草图绘制环境并单击"确定"按钮时,或者由草图绘制环境转换到建模工作环境时,视图方向会自动切换到垂直于绘图平面方向,否则就不会切换。

5. 保持图层状态

选中该选项,进入某一草图对象时,该草图所在图层位置为当前工作图层,退出时恢复图层为当前工作图层,否则退出时保持草图所在图层为当前工作图层。

6. 显示自由度箭头

选中该选项,当进行尺寸标注时,在草图曲线端点处用箭头显示自由度,否则就不会显示。

7. 显示约束符号

选中该选项,若相关几何体很小,则不会显示约束符号。如果要忽略相关几何体的尺寸查看约束,则可以关闭该选项。

3.1.3　草图环境中菜单介绍

1. "插入"下拉菜单

"插入"下拉菜单是草图环境中的主要菜单(见图 3.5),它的功能主要包括草图的绘制、标注和添加约束等。选择该下拉菜单,即可弹出其中的命令,其中绝大部分命令都以快捷按钮的方式出现在屏幕的工具栏中。

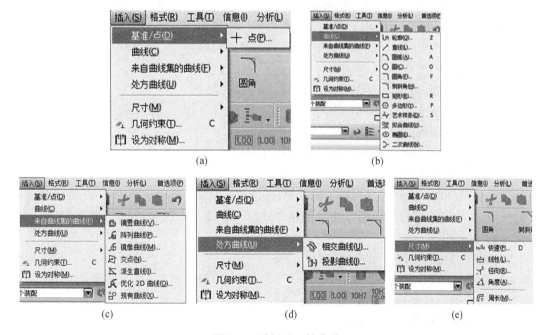

(a)　　　　　　　　　　　　　　　　　(b)

(c)　　　　　　　　　(d)　　　　　　　　　(e)

图 3.5　"插入"下拉菜单

(a)基准/点下拉菜单;(b)曲线下拉菜单;(c)来自曲线集的曲线下拉菜单;

(d)处方曲线下拉菜单;(e)尺寸下拉菜单

图 3.5 所示的"插入"下拉菜单中各选项的说明如下：

(1)创建点；

(2)创建轮廓线，包括直线和圆弧选项按钮；

(3)创建直线；

(4)创建圆弧；

(5)创建圆；

(6)创建圆角；

(7)创建倒斜角；

(8)创建矩形；

(9)创建多边形；

(10)创建艺术样条曲线；

(11)创建拟合样条曲线；

(12)创建椭圆；

(13)创建二次曲线；

(14)创建偏置曲线；

(15)创建阵列曲线；

(16)创建镜像曲线；

(17)创建交点；

(18)创建派生直线；

(19)将现有的共面曲线和点添加到草图中；

(20)创建选定对象的相交曲线；

(21)在草图上创建其他几何体的投影；

(22)创建选定对象的尺寸；

(23)创建线性尺寸；

(24)创建半径尺寸；

(25)创建角度尺寸；

(26)创建周长尺寸；

(27)添加草图约束；

(28)将两个点或曲线约束为相对于草图中的对称线对称。

2."编辑"下拉菜单

这是草图环境中对草图进行编辑的菜单,如图 3.6 所示。选择该下拉菜单,即可弹出其中的选项,其中绝大部分选项都以快捷按钮方式出现在图 3.6 所示的"编辑"下拉菜单中,各选项的说明如下：

(1)撤销前面的操作；

(2)重做；

(3)剪切选定对象并将其放到剪贴板上；

(4)将选定的对象复制到剪贴板上；

(5)复制图形窗口的对象到剪贴板；

(6)从剪贴板粘贴对象；

(7)删除选定的项目；

（8）编辑选取优先选项和过滤器；

（9）编辑选定对象的显示方式；

（10）隐藏/取消隐藏选定的对象；

（11）变换操作选定的对象；

（12）移动或旋转选定的对象；

（13）显示选定对象的属性；

（14）编辑尺寸和草图的样式；

（15）重新编辑或定义截面；

（16）编辑驱动活动草图尺寸参数。

3.1.4　草图环境坐标系介绍

图 3.6　"编辑"下拉菜单

UG NX 10.0 中有三种坐标系：绝对坐标系、工作坐标系和基准坐标系。在使用软件的过程中经常要用到坐标系，下面对这三种坐标系做简单的介绍。

1. 绝对坐标系（ACS）

绝对坐标系是原点为（0，0，0）的坐标系。它是唯一的、固定不变的，不能修改和调整方位。绝对坐标系的原点不会显示在图形区中，但是在图形区的左下角会显示绝对坐标轴的方位。绝对坐标系可以作为创建点、基准坐标系及其他操作的绝对位置参照。

2. 工作坐标系（WCS）

要显示工作坐标系，可以在"实用工具"工具条中单击"显示"按钮。工作坐标系包括坐标原点和坐标轴。它的轴通常是正交的（即相互间为直角），并且遵守右手定则。

3. 基准坐标系（CSYS）

基准坐标系由原点、三个基准轴和三个基准平面组成。新建一个部件文件后，系统会自动创建一个基准坐标系作为建模的参考。该坐标系的位置与绝对坐标系一致。因此，模型中最先创建的草图一般都是选择基准坐标系中的基准平面作为草图平面，其坐标轴也能作为约束和尺寸标注的参考。基准坐标系不是唯一的，我们可以根据建模的需要创建多个基准坐标系。

4. 右手定则

（1）常规的右手定则

如果坐标系的原点在右手掌，拇指向上延伸的方向对应于某个坐标轴的方向，则可以利用常规的右手定则确定其他坐标轴的方向。例如，假设拇指指向 ZC 轴的正方向，食指伸直的方向对应于 XC 轴的正方向，中指向外延伸的方向则为 YC 轴的正方向。

（2）旋转的右手定则

旋转的右手定则用于将矢量和旋转方向关联起来。当拇指伸直并且与给定的矢量对齐时，则弯曲的其他四指就能确定该矢量关联的旋转方向。反过来，当弯曲手指表示给定的旋转方向时，则伸直的拇指就能确定关联的矢量的方向。

例如,如果要确定当前坐标系的旋转逆时针方向,那么拇指就应该与 ZC 轴对齐,并指向其正方向,这时逆时针方向即为四指从 XC 轴正方向向 YC 轴正方向旋转。

3.2 草图的基本绘制

3.2.1 草图绘制工具简介

进入草图环境后,屏幕上会出现图 3.7 所示绘制草图时所需要的草图工具条。

图 3.7 草图工具条

图 3.7 所示的草图工具条中各工具按钮的说明如下:

1. A(轮廓)

单击该按妞,可以创建一系列相连的直线或线串模式的圆弧,即上一条曲线的终点作为下一条曲线的起点。

2. B(直线)

绘制直线。

3. C(圆弧)

绘制圆弧。

4. D(圆)

绘制圆。

5. E(圆角)

在两曲线间创建圆角。

6. F(倒斜角)

在两曲线间创建倒斜角。

7. G(矩形)

绘制矩形。

8. H(艺术样条)

通过定义点或者极点来创建样条曲线。

9. I(点)

绘制点。

10. J(偏置曲线)

偏置位于草图平面上的曲线链。

11. K(快速修剪)

单击该按钮,则可将一条曲线修剪至任一方向上最近的交点。如果曲线没有交点,可以将其删除。

12. L(快速延伸)

快速延伸曲线到最近的边界。

3.2.2　自动标注功能

在 UG NX 10.0 中绘制草图时,在工具条中单击"连续自动标注尺寸"按钮(见图3.8),系统可自动给绘制的草图添加尺寸标注。

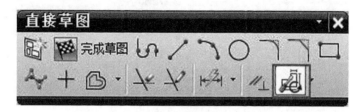

图 3.8　"连续自动标注尺寸"按钮

说明:默认情况下,"连续自动标注尺寸"按钮处于激活状态,即绘制的草图系统会自动添加尺寸标注;单击该按钮,使其弹起(即取消激活),这时对于绘制的草图,系统就不会自动添加尺寸标注了。由于系统自动标注的尺寸比较混乱,而且当草图比较复杂时,有些尺寸可能不符合标注要求,所以在绘制草图时,最好不使用自动标注尺寸功能,在本书中都没有采用自动标注。

3.2.3　绘制直线

(1)菜单:选择"菜单→插入→曲线→直线"命令,如图3.9所示。

(2)功能区:单击"主页"选项卡上"曲线"面板中的"直线"按钮 ↗。

3.2.4　绘制圆弧

(1)菜单:选择"菜单→插入→曲线→圆弧"命令,如图3.10所示。

(2)功能区:单击"主页"选项卡上"曲线"面板中的"圆弧"按钮 ◠。

3.2.5　绘制圆

(1)菜单:选择"菜单→插入→曲线→圆"命令,如图3.11所示。

(2)功能区:单击"主页"选项卡上"曲线"面板中的"圆"按钮 ○。

(3)操作步骤:在适当的位置单击或直接输入坐标确定圆心;输入直径或拖动鼠标到适当位置单击确定直径。

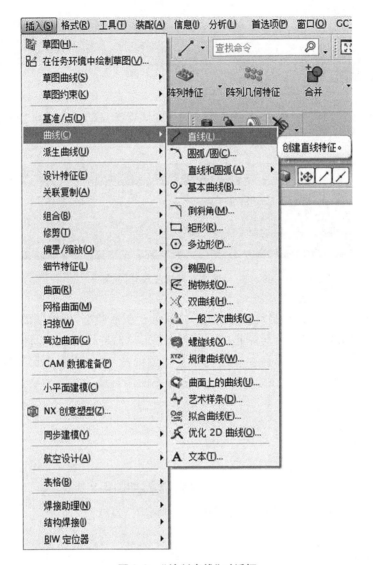

图 3.9 "绘制直线"对话框

3.2.6 绘制圆角

(1)菜单:选择"菜单→插入→曲线→圆角"命令,"圆角"对话框如图 3.12 所示。

(2)功能区:单击"主页"选项卡上"曲线"面板中的"圆角"按钮 ⌐。

(3)操作步骤:选择要创建圆角的曲线;移动鼠标确定圆角的大小和位置,也可以输入半径值;单击鼠标左键创建圆角。

图 3.10　"绘制圆弧"对话框

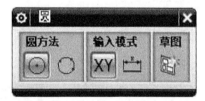

图 3.11　"圆"对话框

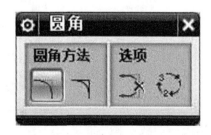

3.12　"圆角"对话框

3.2.7　绘制倒斜角

（1）菜单：选择"菜单→插入→曲线→倒斜角"命令，倒斜角对话框如图 3.13 所示。

图 3.13　"倒斜角"对话框

（2）功能区：单击"主页"选项卡上"曲线"面板中的"倒斜角"按钮 。

（3）操作步骤：选择要创建倒斜角的曲线，或选择交点；移动鼠标确定倒斜角位置，也可以直接输入参数；单击鼠标左键创建倒斜角。

3.2.8　绘制矩形

（1）菜单：选择"菜单→插入→曲线→圆"命令，"矩形"对话框如图 3.14 所示。

（2）功能区：单击"主页"选项卡上"曲线"面板中的"矩形"按钮 。

（3）操作步骤：可以按两点、三点或从中心创建矩形。

图 3.14　"矩形"对话框

3.2.9　绘制轮廓线

（1）菜单：选择"菜单→插入→曲线→圆"命令，"轮廓线"对话框如图 3.15 所示。

（2）功能区：单击"主页"选项卡上"曲线"面板中的"轮廓"按钮 。

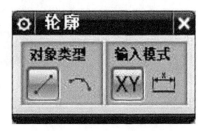

图 3.15　"轮廓线"对话框

3.2.10　绘制派生直线

(1)菜单:选择"菜单→插入→草图曲线→派生"命令。

(2)步骤:新建模型文件进入草绘环境后,先绘制一根直线;单击选取直线为参考,定义参考直线;拖动鼠标至另一位置单击,以确定派生直线的位置;单击中键,结束派生直线的创建。

3.2.11　艺术样条曲线

(1)菜单:选择"菜单→插入→曲线→艺术样条曲线"命令,"艺术样条"对话框如图3.16所示。

(2)功能区:单击"主页"选项卡上"曲线"面板中的"样条曲线"按钮 。

图3.16　"艺术样条"对话框

3.3　草图绘制技巧

3.3.1　草图约束概述

约束能够用于精确控制草图中的对象。草图约束有两种类型:尺寸约束和几何约束。

尺寸约束建立起草图对象的大小(如直线的长度、圆弧的半径等)或是两个对象之间的关系(如两点之间的距离)。尺寸约束看上去更像是图纸上的尺寸。

几何约束建立起草图对象的几何特性(如要求某一直线具有固定长度)、两个或更多草图对象的关系类型。在图形区无法看到几何约束,但是用户可以使用"显示/删除约束"显示有关信息,并显示代表这些约束的直观标记。

3.3.2 草图约束工具条简介

"草图约束"主要包括"几何约束"和"尺寸约束"两种类型。"几何约束"用来定位草图对象和确定草图对象之间的相互关系,而"尺寸约束"是用来驱动、限制和约束草图几何对象的大小和形状的。

进入草图环境后,屏幕上会出现绘制草图时所需要的"草图工具"工具条。

"草图工具"工具条中"约束"部分各工具按钮的说明如下。

(1)快速尺寸

通过基于选定的对象和光标的位置自动判断尺寸类型来创建尺寸约束。

(2)线性尺寸

在所选的两个对象或点位置之间创建线性距离约束。

(3)径向尺寸

创建圆形对象的半径或直径约束。

(4)角度尺寸

在所选的两条不平行直线之间创建角度约束。

(5)周长尺寸

对所选的多个对象进行周长尺寸约束。

(6)约束

用户自己对存在的草图对象指定约束类型。

(7)设为对称

将两个点或曲线约束为相对于草图上的对称线对称。

(8)显示草图约束

显示施加到草图上的所有几何约束。

(9)自动约束

单击该按钮,系统会弹出"自动约束"对话框,用于自动添加约束。

(10)自动标注尺寸

根据设置的规则在曲线上自动创建尺寸。

(11)显示/移除约束

显示与选定的草图几何图形关联的几何约束,或移除所有这些约束和列出的信息。

(12)转换至/自参考对象

将草图曲线或草图尺寸从活动转换为参考,或者反过来。下游命令(如拉伸)不使用参考曲线,并且参考尺寸不控制草图几何体。

(13)备选解

备选尺寸或几何约束解算方案。

(14)自动判断约束和尺寸

控制哪些约束或尺寸在曲线构造过程中被自动判断。

（15）创建自动判断约束

在曲线构造过程中启用自动判断约束。

（16）连续自动标注尺寸

在曲线构造过程中启用自动标注尺寸。

在草图绘制过程中，读者可以自己设定自动约束的类型，单击"自动约束"按钮，系统弹出"自动约束"对话框（见图3.17），在对话框中可以设定自动约束类型。

图3.17所示的"自动约束"对话框中所建立的都是几何约束，它们的用法如下：

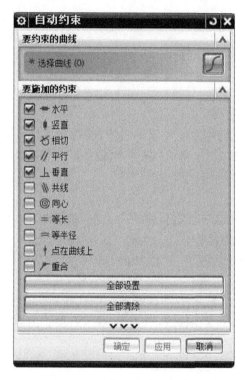

图 3.17　"自动约束"对话框

（1）水平

约束直线为水平直线（即平行于 XC 轴）。

（2）竖直

约束直线为竖直直线（即平行于 YC 轴）。

（3）相切

约束所选的两个对象相切。

（4）平行

约束两直线互相平行。

（5）垂直

约束两直线互相垂直。

（6）共线

约束多条直线位于或通过同一直线。

（7）同心

约束多个圆弧或椭圆弧的中心重合。

（8）等长

约束多条直线为同一长度。

（9）等半径

约束多个弧有相同的半径。

（10）点在曲线上

约束所选点在曲线上。

（11）重合

约束多点重合。

3.3.3　添加几何约束

在二维草图中，添加几何约束主要有两种方法：手工添加几何约束和自动产生几何约束。一般在添加几何约束时，要先单击"显示草图约束"按钮，则二维草图中所存在的所有约束都显示在图中。

1. 手工添加几何约束

指对所选对象由用户自己来指定某种约束。在"草图工具"工具条中单击"几何约束"按钮，系统就进入了几何约束操作状态。此时，在图形区中选择一个或多个草图对象，所选对象在图形区中会加亮显示。同时，可添加的几何约束类型按钮将会出现在图形区的左上角。

根据所选对象的几何关系，在几何约束类型中选择一个或多个约束类型，则系统会添加指定类型的几何约束到所选草图对象上，这些草图对象会因所添加的约束而不能随意移动或旋转。

下面通过相切约束来说明创建约束的一般操作步骤：

（1）双击已有草图，单击按钮，进入草图工作环境，单击"显示草图约束"按钮和"几何约束"按钮。

（2）定义约束类型。在系统弹出的"几何约束"对话框中单击"相切"按钮。

（3）定义约束对象。根据系统"选择要约束的对象"的提示，选取要约束的直线和圆。

（4）单击关闭按钮完成约束的创建，草图中会自动添加约束符号。

下面说明创建多个约束的一般操作步骤：

（1）打开添加约束文件。

（2）双击已有草图，进入草图工作环境，单击"显示草图约束"按钮和"约束"按钮。单击"等长"按钮，选取两条直线，则直线之间会添加"等长"约束，单击"平行"按钮，再单击选取两条直线，则直线之间会添加"平行"约束。

（3）单击"关闭"按钮完成创建，草图中会自动添加约束符号。

其他类型约束的创建与以上两个范例的创建过程相似，这里就不再赘述，读者可以自行研究。

2. 自动产生几何约束

指系统根据选择的几何约束类型以及草图对象间的关系自动添加相应约束到草图对

象上。一般都利用"自动约束"按钮来让系统自动添加约束。其操作步骤如下：

（1）单击"约束"工具条中的"自动约束"按钮，系统弹出"自动约束"对话框。

（2）在"自动约束"对话框中单击要自动创建的约束的相应按钮，然后单击"确定"按钮。通常用户一般都选择自动创建所有的约束，这样只需在对话框中单击"全部设置"按钮，则对话框中的约束复选框全部被选中，然后单击"确定"按钮，完成自动创建约束的设置。

这样，在草图中画任意曲线，系统会自动添加相应的约束，而系统没有自动添加的约束就需要用户利用手工添加约束的方法来自己添加。

3.3.4　添加尺寸约束

建立草图尺寸约束是限制草图几何对象的大小和形状，也就是在草图上标注草图尺寸，设置尺寸标注线，与此同时再建立相应的表达式，以便在后续的编辑工作中实现尺寸的参数化驱动。

1. 菜单

选择"菜单→插入→尺寸"下拉命令。

2. 功能区

单击"主页"选项卡"约束"面板中的"快速尺寸"下拉列表。

3. 操作步骤

（1）执行上述操作后，尺寸列表如图 3.18 所示。

（2）选择一种尺寸命令，打开相应"尺寸"对话框，如图 3.19 所示。

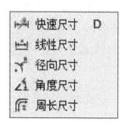

图 3.18　尺寸列表

图 3.19　"快速尺寸"对话框

（3）选择要标注的对象，将尺寸放置到适当位置。

4. 选项说明

（1）快速尺寸

使用该命令，打开"快速尺寸"对话框，在选择几何体后，由系统自动根据所选择的对象搜寻合适的尺寸类型进行匹配。

（2）线性尺寸

使用该命令，打开"线性尺寸"对话框，用于指定约束两对象或两点间的距离。

① 角度尺寸

使用该命令，打开"角度尺寸"对话框，该选项用于指定两条线之间的角度尺寸。相对于工作坐标系按照逆时针方向测量角度。

② 径向尺寸

使用该命令，打开"径向尺寸"对话框，该选项用于为草图的弧/圆指定直径或半径尺寸。

③ 周长尺寸

该选项用于将所选的草图轮廓曲线的总长度限制为一个需要的值。可以选择周长约束的曲线是直线或弧，选中该选项后，打开如图 3.20 所示的"周长尺寸"对话框，选择曲线后，该曲线的尺寸将显示在距离文本框中。

图 3.20 "周长尺寸"对话框

3.3.5 动画尺寸

用于一个指定的范围中，动态显示给定尺寸发生变化的效果。受这一选定尺寸影响的任意几何体也将同时被模拟。

1. 菜单

选择"菜单→工具→约束→动画演示尺寸"命令。

2. 功能区

单击"主页"选项卡"约束"面板中的"动画尺寸"按钮。

3. 操作步骤

（1）执行上述步骤后，打开如图 3.21 所示的"动画尺寸"对话框。

（2）选择要进行动画的尺寸，可以从对话框中选择名称。

(3)输入上限和下限,并输入循环步数。

(4)单击"确定"按钮,创建动画尺寸。

图 3.21　"动画尺寸"对话框

4.选项说明

(1)尺寸列表窗:列出可以模拟的尺寸。

(2)值:当前所选尺寸的值(动画模拟过程中不会发生变化)。

(3)下限:动画模拟过程中该尺寸的最小值。

(4)上限:动画模拟过程中该尺寸的最大值。

(5)步数/循环:当尺寸值由上限移动到下限(反之亦然)时所变化(等于大小/增量)的次数。

(6)显示尺寸:在动画模拟过程中显示原先的草图尺寸。

3.3.6　显示/删除约束

显示与所选草图几何体相关的几何约束,还可以删除指定的约束,或列出有关所有几何约束的信息。

1.菜单

选择"菜单→工具→约束→显示/移除约束"命令。

2.功能区

单击"主页"选项卡上"约束"面板中的"显示/移除约束"按钮。

执行上述步骤后,系统打开如图 3.22 所示的"显示/移除约束"对话框。

3.选项说明

(1)列出以下对象的约束

该选项开关用于控制列在"约束列表窗"中的约束。

选定的一个对象:一次只能选择一个对象。选择其他对象将自动取消选择以前选中的对象。该列表窗显示了与所选对象相关的约束。这是默认设置。

图3.22 "显示/移除约束"对话框

选定的多个对象:选择多个对象,方法是逐个选择,或使用矩形选择方式同时选中。选择其他对象不会取消以前选中的对象。列表窗列出了与全部选中对象相关的约束。

活动草图中的所有对象:显示激活的草图中的所有约束。

(2)约束类型

该选项用于过滤在列表框中显示的约束类型。

(3)包含或排除

①包含:用于显示指定类型的几何约束。

②排除:用于显示指定类型以外的其他几何约束。

(4)显示约束

该选项用于控制在"约束列表窗"中出现的约束的显示。

Explicit:对于由用户显式生成的约束。

自动推断:对于曲线生成过程中由系统自动生成的约束。

两者皆是:具备以上两者。

(5)约束列表窗

该选项用于列出选中的草图几何体的几何约束。该列表受控于显示约束选项的设置。"自动推断的"的几何约束(即在曲线生成过程中由系统自动生成)在后面括号内带有"I"符号,即"(I)"。

（6）列表窗"步骤"箭头

该选项用于控制位于约束列表框右侧的"步骤"箭头，可以上下移动列表中高亮显示的约束，一次一项。与当前选中的约束相关联的对象将始终高亮显示在图形区。

（7）移除高亮显示的

该选项用于删除一个或多个约束，方法是在约束列表窗中进行选择，然后选择该选项。

（8）移除所列的

该选项用于删除在约束列表窗中显示的所有列出的约束。

（9）信息

在"信息"窗口中显示有关激活的草图的所有几何约束信息。如果用户要保存或打印出约束信息，该选项很有用。

3.4　草图的编辑

3.4.1　直线的编辑

UG NX 10.0 提供了对象操纵功能，可方便地旋转、拉伸和移动对象。

1. 直线的转动和拉伸

把鼠标指针移到直线端点上，按下左键不放，同时移动鼠标，此时直线以远离鼠标指针的那个端点为圆心转动，达到绘制意图后，松开鼠标左键。

2. 直线的移动

在图形区，把鼠标指针移到直线上，按下左键不放，同时移动鼠标，此时会看到直线随着鼠标移动。达到绘制意图后，松开鼠标左键。

3.4.2　圆的编辑

1. 圆的缩放

把鼠标指针移到圆的边线上，按下左键不放，同时移动鼠标，此时会看到圆在变大或缩小。达到绘制意图后，松开鼠标左键。

2. 圆的移动

把鼠标指针移到圆心上，按下左键不放，同时移动鼠标，此时会看到圆随着指针一起移动。达到绘制意图后，松开鼠标左键。

3.4.3　圆弧的编辑

1. 改变圆弧的半径

把鼠标指针移到圆弧上，按下左键不放，同时移动鼠标，此时会看到圆弧半径变大或变小。达到绘制意图后，松开鼠标左键。

2. 改变圆弧的位置

把鼠标指针移到圆弧的某个端点上,按下左键不放,同时移动鼠标,此时会看到圆弧以另一端点为固定点旋转,并且圆弧的包角也在变化。达到绘制意图后,松开鼠标左键。

3. 圆弧的移动

把鼠标指针移到圆心上,按下左键不放,同时移动鼠标,此时圆弧随着指针一起移动。达到绘制意图后,松开鼠标左键。

3.4.4　样条曲线的编辑

1. 改变曲线的形状

把鼠标指针移到样条曲线的某个端点或定位点上,按下左键不放,同时移动鼠标,此时样条线拓扑形状(曲率)不断变化。达到绘制意图后,松开鼠标左键。

2. 曲线的移动

把鼠标指针移到样条曲线上,按下左键不放,同时移动鼠标,此时样条曲线随着鼠标移动。达到绘制意图后,松开鼠标左键。

3.4.5　制作拐角

"制作拐角"命令是通过两条曲线延伸或修剪到公共交点来创建的拐角。此命令应用于直线、圆弧、开放式二次曲线和开放式样条等,其中开放式样条仅限修剪。

创建"制作拐角"的一般操作步骤如下:

(1)选择命令:选择下拉菜单"编辑→曲线→制作拐角"命令(或单击"制作拐角"按钮),系统弹出"制作拐角"对话框。

(2)定义要制作拐角的两条曲线。

(3)单击中键,完成制作拐角的创建。

3.4.6　删除对象

(1)在图形区单击或框选要删除的对象(框选时要框住整个对象),此时可看到选中的对象变成蓝色。

(2)按一下键盘上的 Delete 键,所选对象即被删除。

说明:要删除所选的对象,还有下面四种方法:

(1)在图形区单击鼠标右键,在系统弹出的快捷菜单中选择"删除"命令;

(2)选择"编辑"下拉菜单中的"删除"命令;

(3)单击"标准"工具条中的按钮;

(4)按一下键盘上的 Ctrl + D 组合键。

注意:如要恢复已删除的对象,可用键盘的 Ctrl + Z 组合键来完成。

3.4.7　复制/粘贴对象

在图形区单击或框选要复制的对象(框选时要框住整个对象)。

复制对象:选择下拉菜单"编辑→复制"命令,将对象复制到剪贴板。

粘贴对象:选择下拉菜单"编辑→粘贴"命令,系统弹出图 3.23 所示的"粘贴"对话框。

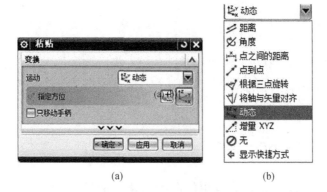

| (a) | (b) |

图 3.23　"粘贴"对话框

(a)对话框;(b)下拉菜单选项

定义变换类型:在"粘贴"对话框的"运动"下拉列表中选择"动态"选项,将复制对象移动到合适的位置单击。

单击"确定"按钮,完成粘贴。

3.4.8　快速修剪

选择下拉菜单"编辑→曲线→快速修剪"命令(或单击"快速修剪"按钮)。系统弹出图 3.24 所示的"快速修剪"对话框定义修剪对象,依次单击需要修剪的部分。

单击中键,完成对象的修剪。

图 3.24　"快速修剪"对话框

3.4.9 快速延伸

(1)选择下拉菜"编辑→曲线→快速延伸"命令。

(2)选择曲线,完成曲线到下一个边界的延伸。

说明:在延伸时,系统自动选择最近的曲线作为延伸边界。

3.4.10 镜像

镜像操作是将草图对象以一条直线为对称中心,将所选取的对象以这条对称中心为轴进行复制,生成新的草图对象。镜像生成的对象与原对象形成一个整体,并且保持相关性。"镜像"操作在绘制对称图形时是非常有用的。

1.进入草图环境

双击草图,单击"草图"按钮,系统进入草图环境。

2.选择命令

选择下拉菜单"插入→来自曲线集的曲线→镜像曲线"命令(或单击"镜像曲线"按钮),系统弹出"镜像曲线"对话框,如图3.25所示。

图3.25 "镜像曲线"对话框

3.定义镜像对象

在"镜像曲线"对话框中单击"曲线"按钮,选取图形区中需要镜像的草图曲线。

4.定义中心线

单击"镜像曲线"对话框中的"中心线"按钮,选择竖直轴线作为镜像中心线。

注意:选择的镜像中心线不能是镜像对象的一部分,否则无法完成镜像操作。

5.完成镜像操作

单击应用按钮,则完成镜像操作(如果没有别的镜像操作,直接单击"确定"按钮)。

3.4.11 偏置曲线

偏置曲线就是对当前草图中的曲线进行偏移,从而产生与原曲线相关联、形状相似的新的曲线。可偏移的曲线包括基本绘制的曲线、投影曲线以及边缘曲线等。创建偏置曲线的具体步骤如下：

1. 进入草图环境

双击草图，单击按钮，进入草图环境。

2. 选择命令

选择下拉菜单"插入→来自曲线集的曲线→偏置曲线"命令，系统弹出图 3.26 所示的"偏置曲线"对话框。

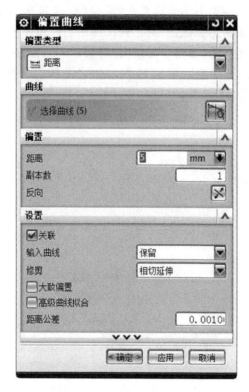

图 3.26　"偏置曲线"对话框

3. 定义偏置曲线(略)

4. 定义偏置参数

在"距离"后的文本框中输入偏置距离值 5，取消选中"创建尺寸"复选框。

5. 定义端盖选项

在"端盖选项"下拉列表中选择"延伸端盖"选项。

6. 定义近似公差

接受"公差"文本框中默认的偏置曲线公差值。

7. 定义偏置对象

单击"应用"按钮，完成指定曲线偏置操作。还可以对其他对象进行相同的操作，操作完成后，单击"确定"按钮完成所有曲线的偏置操作。

注意：可以单击"偏置曲线"对话框中的按钮改变偏置的方向。

3.4.12　编辑定义截面

草图曲线一般可用于拉伸、旋转和扫描等特征的剖面,如果要改变特征剖面的形状,可以通过"编辑定义截面"功能来实现。编辑定义截面的具体操作步骤如下:

(1)在特征树中右击草图,在系统弹出的快捷菜单中选择"可回滚编辑"命令,进入草图编辑环境。选择下拉菜单"编辑→编辑定义截面"命令(或单击"草图工具"中的"编辑定义截面"按钮),系统弹出"编辑定义截面"对话框。如果当前草图中没有曲线经过拉伸、旋转等操作来生成几何体,系统弹出"编辑定义截面"对话框中的警告信息。

(2)按住 Shift 键,在草图中选取图 3.27(a)所示(曲线以高亮显示)的曲线,再选择图 3.28 所示的曲线——矩形的 4 条线段(此时不用按住 Shit 键)作为新的草图截面,单击对话框中的"替换助理"按钮。

图 3.27　编辑定义截面

(a)编辑定义截面前;(b)编辑定义截面后

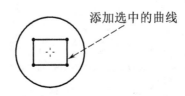

图 3.28　添加选中的典线

说明:用 Shift + 左键选择要移除的对象;用左键选择要添加的对象。

单击确定按钮,完成草图截面的编辑。单击"完成草图"按钮,退山草图环境。

说明:此处如果不进行更新就可能无法看到编辑后的结果。

3.4.13　交点

"相交曲线"命令可以方便地查找指定几何体穿过草图平面处的点,并在这个位置创建一个关联点和基准轴。

(1)选择下拉菜单"插入→在任务环境中绘制草图"命令,选取的基准平面为草图平面,单击"确定"按钮。

(2)选择下拉菜单"插入→来自曲线集的曲线→交点"命令(或单击"交点"按钮),系统弹出图 3.29 所示的"交点"对话框。

(3)选取要相交的曲线。按照系统提示选取边线为相交曲线。

图 3.29　"交点"对话框

（4）单击"确定"按钮,生成关联点和基准轴。

3.4.14　相交曲线

"相交曲线"命令可以通过用户指定的面与草图基准平面相交产生一条曲线。

1.定义草图平面

选择下拉菜单"插入→在任务环境中绘制草图"命令,选取平面作为草图平面,单击"确定"按钮。

2.选择命令

选择下拉菜单"插入→处方曲线→相交曲线"（或单击"相交曲线"按钮）,系统弹出图 3.30 所示的"相交曲线"对话框。

图 3.30　"相交曲线"对话框

3.选取要相交的面

选取要相交的面,即产生相交曲线,接受默认的距离公差值和角度公差值。

4.确定

单击"相交曲线"对话框中的"确定"按钮,完成相交曲线的创建。

3.4.15　投影曲线

投影曲线功能是将选取的对象按垂直于草图工作平面的方向投影到草图中,使之成为草图对象。

1.定义草绘平面

选择下拉菜单"插入→在任务环境中绘制草图"命令,选取平面作为草图平面,单击"确定"按钮。

2.选择命令

选择下拉菜单"插入→处方曲线→投影曲线"(或单击"投影曲线"按钮),系统弹出图3.31 所示的"投影曲线"对话框。

图 3.31　"投影曲线"对话框

3.定义要投影的对象

在"投影曲线"对话框中单击"曲线"按钮,选择投影对象。

4.单击确定按钮,完成投影曲线的创建。

第4章　零件三维建模

4.1　三维建模简介

三维模型是物体的多边形表示,通常用计算机或者其他视频设备进行显示。显示的物体可以是现实世界的实体,也可以是虚构的物体。任何自然界存在的物理东西都可以用三维模型来表示。

三维模型本身是不可见的,可以根据简单的线框在不同细节层次渲染或者用不同方法进行明暗描绘(Shaded)。但是,许多三维模型使用纹理进行覆盖,将纹理排列放到三维模型上的过程称作纹理映射。纹理就是一个图像,但是它可以让模型更加细致,并且看起来更加真实。例如,一个人的三维模型如果带有皮肤与服装的纹理,那么看起来就比简单的单色模型或者是线框模型更加真实。

除了纹理之外,其他一些效果也可以用于三维模型以增加真实感。例如,可以调整曲面法线以实现它们的照亮效果,一些曲面可以使用凸凹纹理映射方法以及其他一些立体渲染的技巧。

4.2　基　准　特　征

4.2.1　基准轴设置

基准轴既可以是相对的,也可以是固定的。以创建的基准轴为参考对象,可以创建其他对象,比如基准平面、旋转特征和拉伸体等。创建基准轴的一般操作步骤如下:

(1)选择命令。选择下拉菜单"插入→基准/点→基准轴"命令,系统弹出图4.1所示的基准轴对话框。

图4.1　基准轴对话框

（2）选择"两点"方式来创建基准轴。在"基准轴"对话框的"类型"下拉列表中选择"两点"选项。

（3）定义参考点。选取长方体两个顶点为参考点（创建的基准轴与选择的先后顺序有关，可以通过单击"基准轴"对话框的"反向"按钮调整）。

（4）单击"确定"按钮，完成基准轴的创建。

"基准轴"对话框中各选项功能的说明如下：

自动判断：系统根据选择的对象自动判断约束。

交点：通过两个相交平面创建基准轴。

曲线/面轴：创建一个起点在选择曲线上的基准轴。

曲线上矢量：创建与曲线的某点相切、垂直，或者与另一对象垂直或平行的基准轴。

XC 轴：选择该选项，读者可以沿 XC 方向创建基准轴。

YC 轴：选择该选项，读者可以沿 YC 方向创建基准轴。

ZC 轴：选择该选项，读者可以沿 ZC 方向创建基准轴。

点和方向：通过定义一个点和一个矢量方向来创建基准轴。通过曲线、边或曲面上的一点，可以创建一条平行于线性几何体或基准轴、面轴，或者垂直于一个曲面的基准轴。

两点：通过定义轴上的两点来创建基准轴。第一点为基点，第二点定义了从第一点到第二点的方向。

4.2.2　基准平面设置

基准平面是建模的辅助平面，可作为创建其他特征（如圆柱、圆锥、球以及旋转的实体等）的辅助工具。之所以用到基准平面，主要是为了在非平面上方便地创建特征，或为草图提供草图工作平面的位置。例如借助基准平面，可在圆柱面、圆锥面、球面等不易创建特征的表面上，方便地创建孔、键槽等特征。

基准平面分为相对基准平面和固定基准平面两种。

相对基准平面是根据模型中的其他对象创建的，可使用曲线、面、边缘、点及其他基准作为基准平面的参考对象。相对基准平面与模型中其他对象（如曲线、面或其他基准等）关联，并受其关联对象的约束。

固定基准平面没有关联对象，即以工作坐标（WCS）产生，不受其他对象的约束，但在用户定义特征中除外。可使用任意相对基准平面创建固定基准平面：取消选择"基准平面"对话框中的"关联"复选框；还可根据 WCS 和绝对坐标系，并通过使用方程式中的系数，使用一些特殊方法创建固定基准平面。

创建基准平面的一般过程如下：

（1）选择命令。选择下拉菜单"插入→基准/点→基准平面"命令，系统弹出图 4.2 所示的"基准平面"对话框。

（2）选择创建基准平面的方法。在"基准平面"对话框的"类型"下拉列表中选择"成一角度"选项。

（3）定义参考对象。选取参考平面和参考轴。

（4）定义参数。在系统弹出的动态输入框内输入角度值 60，单击"确定"按钮，完成基准平面的创建。

图 4.2　"基准平面"对话框

"基准平面"对话框中各选项功能的说明如下：

自动判断：通过选择的对象自动判断约束条件。例如，选取一个表面或基准平面时，系统自动生成一个预览基准平面，可以输入偏置值和数量来创建基准平面。

按某一距离：通过输入偏置值创建与已知平面（基准平面或零件表面）平行的基准平面。

成一角度：通过输入角度值创建与已知平面成一角度的基准平面。先选择一个平面或基准平面，然后选择一个与所选面平行的线性曲线或基准轴，以定义旋转轴。

二等分：创建与两平行平面距离相等的基准平面，或创建与两相交平面所成角度相等的基准平面。

曲线和点：用此方法创建基准平面的步骤是，先指定一个点，然后指定第二个点或者一条直线、线性边、基准轴、面等。如果选择直线、基准轴、线性曲线或特征的边缘作为第二个对象，则基准平面同时通过这两个对象；如果选择一般平面或基准平面作为第二个对象，则基准平面通过第一个点，但与第二个对象平行；如果选择两个点，则基准平面通过第一个点并垂直于这两个点所定义的方向；如果选择三个点，则基准平面通过这三个点。

两直线：通过选择两条现有直线，或直线与线性边、面的法向向量或基准轴的组合，创建的基准平面包含第一条直线且平行于第二条直线。如果两条直线共面，则创建的基准平面将同时包含这两条直线。否则，还会有下面两种可能的情况：这两条线不垂直，即创建的基准平面包含第二条直线且平行于第一条直线；这两条线垂直，即创建的基准平面包含第一条直线且垂直于第二条直线，或是包含第二条直线且垂直于第一条直线（可以使用循环解实现）。

相切：创建一个与任意非平的表面相切的基准平面，还可选择与第二个选定对象相切。选择曲面后，系统显示与其相切的基准平面的预览，可接受预览的基准平面，或选择第二个对象。

通过对象：根据选定的对象平面创建基准平面，对象包括曲线、边缘、面、基准、平面、圆柱、圆锥或旋转面的轴、基准坐标系、坐标系，以及球面和旋转曲面。如果选择圆锥面或圆柱面，则在该面的轴线上创建基准平面。

按系数：通过使用系数 A、B、C 和 D 指定一个方程的方式，创建固定基准平面，该基准平面由方程 $AX + BY + CZ = D$ 确定。

点和方向：通过定义一个点和一个方向来创建基准平面。定义的点可以是使用点构造器创建的点,也可以是曲线或曲面上的点;定义的方向可以通过选取的对象自动判断,也可以使用矢量构造器来构建。

曲线上:创建一个与曲线垂直或相切且通过已知点的基准平面。

4.2.3　基准坐标设置

基准坐标系由三个基准平面、三个基准轴和原点组成,在基准坐标系中可以选择单个基准平面、基准轴或原点。基准坐标系可用来创建其他特征、约束草图和定位在一个装配中的组件等。

创建基准坐标系的一般操作过程如下:

(1)选择命令。选择下拉菜单"插入→基准/点→基准"命令,系统弹出图 4.3 所示的"基准 CSYS"对话框。

图 4.3　"基准 CSYS"对话框

(2)选择创建基准坐标系的方式。在"基准 CSYS"对话框的"类型"下拉列表中选择"原点,X 点,Y 点"选项。

(3)定义参考点。选取长方体的三个顶点作为基准坐标系的参考点,其中原点是第一点,X 轴是从第一点到第二点的矢量,Y 轴是从第　点到第三点的矢量。

(4)单击确定按钮,完成基准坐标系的创建。

"基准 CSYS"对话框中各选项功能的说明如下:

动态:选择该选项,读者可以手动将 CSYS 移到所需的任何位置和方向。

自动判断:创建一个与所选对象相关的 CSYS,或通过 X、Y 和 Z 分量的增量来创建CSYS。实际所使用的方法是基于所选择的对象和选项。要选择当前的 CSYS,可选择自动判断的方法。

原点,X 点,Y 点:根据选择的三个点或创建三个点来创建 CSYS。要想指定三个点,可以使用点方法选项或使用相同功能的菜单,打开"点构造器"对话框。X 轴是从第一点到第二点的矢量;Y 轴是从第一点到第三点的矢量;原点是第一点。

X 轴,Y 轴,原点:根据所选择或定义的一点和两个矢量来创建 CSYS。选择的两个矢量作为坐标系的 X 轴和 Y 轴;选择的点作为坐标系的原点。

Z 轴, X 轴, 原点: 根据所选择或定义的一点和两个矢量来创建 CSYS。选择的两个矢量作为坐标系的 Z 轴和 X 轴; 选择的点作为坐标系的原点。

Z 轴, Y 轴, 原点: 根据所选择或定义的一点和两个矢量来创建 CSYS。选择的两个矢量作为坐标系的 Z 轴和 Y 轴; 选择的点作为坐标系的原点。

平面, X 轴, 原点: 根据所选择的一个平面、X 轴和原点来创建 CSYS。其中选择的平面为 Z 轴平面, 选取的 X 轴方向即为 CSYS 中 X 轴方向, 选取的原点为 CSYS 的原点。

三平面: 根据所选择的三个平面来创建 CSYS。X 轴是第一个"基准平面/平的面"的法线; Y 轴是第二个"基准平面/平的面"的法线; 原点是这三个基准平面的交点。

绝对 CSYS: 指定模型空间坐标系作为坐标系。X 轴和 Y 轴是"绝对 CSYS"的 X 轴和 Y 轴; 原点为"绝对 CSYS"的原点。

当前视图的 CSYS: 将当前视图的坐标系设置为坐标系。X 轴平行于视图底部; Y 轴平行于视图的侧面; 原点为视图的原点(图形屏幕中间)。如果通过名称来选择, CSYS 将不可见或在不可选择的层中。

偏置 CSYS: 根据所选择的现有基准 CSYS 的 X、Y 和 Z 的增量来创建 CSYS。X 轴和 Y 轴为现有 CSYS 的 X 轴和 Y 轴; 原点为指定的点。

在建模过程中, 经常需要对工作坐标系进行操作, 以便于建模。选择下拉菜单"格式→WCS→定向"命令, 系统弹出图 4.4 所示的"CSYS"对话框, 对所建的工作坐标系进行操作。该对话框的上部为创建坐标系的各种方式的按钮, 其他选项为涉及的参数。其创建的操作步骤和创建基准坐标系一致。

图 4.4　"CSYS"对话框

"CSYS"对话框中各按钮功能的说明如下:

自动判断: 通过选择的对象或输入坐标分量值来创建一个坐标系。

原点, X 点, Y 点: 通过三个点来创建一个坐标系。这三个点依次是原点、X 轴方向上的点和 Y 轴方向上的点。第一点到第二点的矢量方向为 X 轴正向, Z 轴正向由第二点到第三点按右手法则来确定。

X 轴, Y 轴: 通过两个矢量来创建一个坐标系。坐标系的原点为第一矢量与第二矢量的交点, $XC-YC$ 平面为第一矢量与第二矢量所确定的平面, X 轴正向为第一矢量方向, 从第一矢量至第二矢量按右手法则确定 Z 轴的正向。

X 轴, Y 轴, 原点: 创建一点作为坐标系原点, 再选取或创建两个矢量来创建坐标系。X 轴正向平行于第一矢量方向, $XC-YC$ 平面平行于第一矢量与第二矢量所在平面, Z 轴正向

由从第一矢量在 $XC - YC$ 平面上的投影矢量至第二矢量在 $XC - YC$ 平面上的投影矢量,按右手法则确定。

Z 轴,X 点:通过选择或创建一个矢量和一个点来创建一个坐标系。Z 轴正向为矢量的方向,X 轴正向为沿点和矢量的垂线指向定义点的方向,Y 轴正向由从 Z 轴至 X 轴按右手法则确定,原点为三个矢量的交点。

对象的 CSYS:用选择的平面曲线、平面或工程图来创建坐标系,$XC - YC$ 平面为对象所在的平面。

点,垂直于曲线:利用所选曲线的切线和一个点的方法来创建一个坐标系。原点为切点,曲线切线的方向即为 Z 轴矢量,X 轴正向为沿点到切线的垂线指向点的方向,Y 轴正向由从 Z 轴至 X 轴矢量按右手法则确定。

平面和矢量:通过选择一个平面、选择或创建一个矢量来创建一个坐标系。X 轴正向为面的法线方向,Y 轴为矢量在平面上的投影,原点为矢量与平面的交点。

三平面:通过依次选择三个平面来创建一个坐标系。三个平面的交点为坐标系的原点,第一个平面的法向为 X 轴,第一个平面与第二个平面的交线为 Z 轴。

绝对 CSYS:在绝对坐标原点$(0,0,0)$处创建一个坐标系,即与绝对坐标系重合的新坐标系。

当前视图的 CSYS:用当前视图来创建一个坐标系。当前视图的平面即为 $XC - YC$ 平面。

说明:"CSYS"对话框中的一些选项与"基准 CSYS"对话框中的相同,此处不再赘述。

4.3 布尔运算简介

布尔运算是数字符号化的逻辑推演法,在图形处理操作中引用了这种逻辑运算方法以使简单的基本图形组合产生新的形体,并由二维布尔运算发展到三维图形的布尔运算。

布尔操作可以将原先存在的多个独立的实体进行运算,以产生新的实体。进行布尔运算时,首先选择目标体(即被执行布尔运算的实体,只能选择一个),然后选择刀具体(即在目标体上执行操作的实体,可以选择多个),运算完成后,刀具体成为目标体的一部分,而且如果目标体和刀具体具有不同的图层、颜色、线型等特性,产生的新实体具有与目标体相同的特性。如果部件文件中已存有实体,当建立新特征时,新特征可以作为刀具体,已存在的实体作为目标体。布尔操作主要包括布尔求和操作、布尔求差操作和布尔求交操作三部分内容。

4.3.1 布尔求和

布尔求和操作用于将刀具体和目标体合并成一体。布尔求和操作的一般过程如下:

(1)选择命令。选择下拉菜单"插入→组合→合并"命令,系统弹出图 4.5 所示的"求和"对话框。

(2)定义目标体和刀具体。依次选择目标体(圆锥体)和刀具体(球体),单击"确定"按钮,完成布尔求和操作。

图 4.5　"合并"对话框

注意:布尔求和操作要求刀具体和目标体必须在空间是接触的才能进行运算,否则将提示出错。"求和"对话框中各复选框的功能说明如下:

保存目标复选框:为求和操作保存目标体。如果需要在一个未修改的状态下保存所选目标体的副本时,使用此选项。

保存工具复选框:为求和操作保存工具体。如果需要在一个未修改的状态下保存所选工具体的副本时,使用此选项。在编辑"求和"特征时,此选项不可用。

4.3.2　布尔求差

布尔求差操作用于将刀具体从目标体中移除。布尔求差操作的一般过程如下:

(1)选择命令。选择下拉菜单"插入→组合→求差"命令,系统弹出图 4.6 所示的"求差"对话框。

(2)定义目标体和刀具体。依次选择目标体和刀具体,单击"确定"按钮,完成布尔求差操作。

图 4.6　"求差"对话框

4.3.3 布尔求交

布尔求交操作用于创建包含两个不同实体的共有部分。进行布尔求交运算时,刀具体与目标体必须相交。布尔求交操作的一般过程如下:

(1)选择命令。选择下拉菜单"插入→组合→求交"命令,系统弹出图4.7所示的"求交"对话框。

(2)定义目标体和刀具体。依次选取目标体和刀具体,单击"确定"按钮,完成布尔求交操作。

图4.7 "求交"对话框

4.4 基本特征命令介绍

4.4.1 拉伸特征介绍

拉伸特征是将截面沿着草图平面的垂直方向拉伸而成的特征。它是最常用的零件建模方法,通过在指定方向上将截面曲线扫掠一个线性距离来生成体。

1.执行方式

菜单:选择"插入→设计特征→拉伸"命令。

功能区:单击"主页"选项卡中"特征"面组上的"拉伸"按钮。

2.操作步骤

(1)执行上述方式,打开"拉伸"对话框。

(2)选择封闭曲线串或边为截面。

(3)直接拖动起点手柄来更改拉伸特征的大小,也可以选择开始/结束方式,然后确定拉伸大小。

(4)单击"确定"按钮,创建拉伸体。

4.4.2　倒斜角

构建特征不能单独生成,而只能在其他特征上生成,孔特征、倒角特征和圆角特征等都是典型的构建特征。使用"倒斜角"命令可以在两个面之间创建用户需要的倒角。创建倒斜角的一般过程如下:

(1)选择命令。选择下拉菜单"插入→细节特征→倒斜角"命令,系统弹出图 4.8 所示的"倒斜角"对话框。

图 4.8　"倒斜角"对话框

(2)选择倒斜角方式。在"横截面"下拉列表中选择"对称"选项。选取两条边线为倒角的参照边。

(3)定义倒角参数。在系统弹出的对话框中,输入距离值(可拖动屏幕上的拖拽手柄至用户需要的偏置值)。

(4)单击"确定"按钮,完成倒斜角的创建。

"倒斜角"对话框中有关选项的说明如下:

对称:单击该按钮,建立一简单倒斜角,沿两个表面的偏置值是相同的。

非对称:单击该按钮,建立一简单倒斜角,沿两个表面有不同的偏置量。

偏置和角度:单击该按钮,建立一简单倒斜角,它的偏置量是由一个偏置值和一个角度决定的。

偏置方法:一是沿面偏置边,仅为简单形状生成精确的倒斜角,即从倒斜角的边开始,沿着面测量偏置值,这将定义新倒斜角面的边;二是偏置面并修剪,如果被倒斜角的面很复杂,此选项可延伸用于修剪原始曲面的每个偏置曲面。

4.4.3　边倒角

UG 中我们常常会给一些模型的边倒角,这里我们以正方形为例来说明创建边倒角的一般过程。

(1)打开命令。选择下拉菜单"插入→细节特征→边倒角"命令,或是在特征里面选择边倒角。

（2）软件会提示我们选择一个边。这个边就是我们要加圆角的边。

（3）在半径位置输入我们要倒圆角的半径。

（4）单击"确定"按钮，完成边倒角的创建。

注意：所加圆角的半径要小于附着边的长度，倒角时最好先输入所需倒角的大小再选择边。

4.4.4 孔

在 UG NX 10.0 中，可以创建以下三种类型的孔特征。

简单孔：具有圆形截面的切口，它始于放置曲面，并延伸到指定的终止曲面或用户定义的深度。创建时要指定"直径""深度"和"尖端尖角"。

埋头孔：该选项允许用户创建指定"孔直径""孔深度""尖角""埋头直径"和"埋头深度"的埋头孔。

沉头孔：该选项允许用户创建指定"孔直径""孔深度""尖角""沉头直径"和"沉头深度"的沉头孔。

在一个模型上添加孔特征（简单孔）的一般操作过程如下：

（1）选择一个已有的零件模型。

（2）添加孔特征（简单孔）：选择命令。选择下拉菜单"插入→设计特征→孔"命令（或在"成形特征"工具条中单击"简单孔"按钮，系统弹出"孔"对话框，如图 4.9 所示。

（3）选取孔的类型。在"孔"对话框的"类型"下拉列表中选择"常规孔"选项。

（4）定义孔的放置位置。定义孔的放置面。首先确认"选择条"工具条中的⊙按钮被按下，选取放置面。

（5）输入参数。在"孔"对话框的"直径"文本框中输入值 8.0，在"深度限制"下拉列表中选择"贯通体"选项。

（6）完成孔的创建。对话框中的其余设置保持系统默认，单击"确定"按钮，完成孔特征的创建。

沉头孔和埋头孔的创建与简单孔的创建类似，不再赘述。

"孔"对话框中有关按钮的说明如下：

1."类型"下拉列表

常规孔：创建指定尺寸的简单孔、沉头孔、埋头孔或锥孔特征等，常规孔可以是不通孔、通孔或指定深度条件的孔。

钻形孔：根据 ANSI 或 ISO 标准创建简单钻形孔特征。

螺钉间隙孔：创建简单、沉头或埋头通孔，它们是为具体应用而设计的，例如螺钉间隙孔。

螺纹孔：创建螺纹孔，其尺寸标注由标准、螺纹尺寸和径向进给等参数控制。

孔系列：创建起始、中间和结束孔尺寸一致的多形状、多目标体的对齐孔。

2."孔方向"下拉列表

此下拉列表用于指定将创建的孔的方向，有"垂直于面"和"沿矢量"两个选项。

"垂直于面"选项：沿着与公差范围内每个指定点最近的面法向的反向定义孔的方向。

"沿矢量"选项：沿指定的矢量定义孔方向。

图 4.9　"孔"对话框

"成形"下拉列表：此下拉列表由于指定孔特征的形状，有"简单""沉头""埋头""锥形"四个选项。

"简单"选项：创建具有指定直径、深度和尖端顶锥角的简单孔。

"沉头"选项：创建具有指定直径、深度、顶锥角、沉头孔径和沉头孔深度的沉头孔。

"埋头"选项：创建具有指定直径、深度、顶锥角、埋头孔径和埋头孔角度的埋头孔。

"锥形"选项：创建具有指定斜度和直径的孔，此项只有在"类型"下拉列表中选择"常规孔"选项时可用。

3."直径"文本框

此文本框用于控制孔直径的大小，可直接输入数值。

"深度限制"下拉列表：此下拉列表用于控制孔深度类型，包括"值""直至选定对象""直至下一个"和"贯通体"四个选项。

"值"选项：给定孔的具体深度值。

"直至选定对象"选项：创建一个深度为直至选定对象的孔。

"直至下一个"选项：对孔进行扩展，直至孔到达下一个面。

"贯通体"选项：创建一个通孔，贯通所有特征。

4."布尔"下拉列表

此下拉列表用于指定创建孔特征的布尔操作，包括"无""求差"两个选项。

"无"选项:创建孔特征的实体表示,而不是将其从工作部件中减去。

"求差"选项:从工作部件或其组件的目标体减去工具体。

4.4.5　螺纹

在 UG NX 10.0 中,可以创建以下两种类型的螺纹。

符号螺纹:以虚线圆的形式显示在要攻螺纹的一个或几个面上。符号螺纹可使用外部螺纹表文件(可以根据特殊螺纹要求来定制这些文件),以确定其参数。

详细螺纹:比符号螺纹看起来更真实,但由于其几何形状的复杂性,创建和更新都需要较长的时间。详细螺纹是完全关联的,如果特征被修改,则螺纹也相应更新。可以选择生成部分关联的符号螺纹,或指定固定的长度。部分关联是指螺纹被修改,则特征也将更新(但反过来则不行)。

在产品设计时,当需要制作产品的工程图时,应选择符号螺纹;如果不需要制作产品的工程图,而是需要反映产品的真实结构(如产品的广告图和效果图),则选择详细螺纹。

说明:详细螺纹每次只能创建一个,而符号螺纹可以创建多组,而且创建时需要的时间较少。添加螺纹特征(详细螺纹)的一般操作过程如下:

1.打开一个已有的零件模型

2.添加螺纹特征(详细螺纹)

(1)选择命令

选择下拉菜单"插入→设计特征→螺纹"命令(或在"特征操作"工具条中单击"详细螺纹"按钮),系统弹出图4.10所示的"螺纹"对话框(一)。

(2)选取螺纹的类型

在"螺纹"对话框(一)中选中"详细"选项,系统弹出图4.11所示的"螺纹"对话框(二)。

3.定义螺纹的放置

(1)定义螺纹的放置面

选取放置面,此时系统自动生成螺纹的方向矢量。

(2)定义螺纹起始面

在"螺纹"对话框(二)中单击"选择起始"按钮,系统弹出"螺纹"对话框(三)(见图4.12),选取螺纹的起始面,系统弹出"螺纹"对话框(四)(见图4.13)。

说明:单击"螺纹"对话框(四)中的"螺纹轴反向"按钮,可以调整生成螺纹的矢量方向。

4.定义螺纹开始条件

在"螺纹"对话框(四)的"起始条件"下拉列表中选择"延伸通过起点"选项,单击"确定"按钮。系统返回"螺纹"对话框(二)。

5.定义螺纹参数

在"螺纹"对话框(二)中输入参数,单击"确定"按钮,完成螺纹特征的添加。

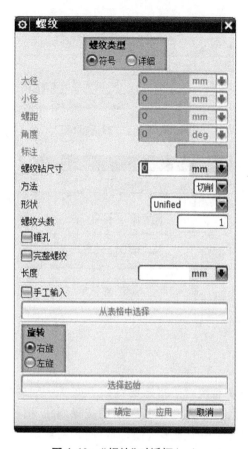

图 4.10　"螺纹"对话框(一)

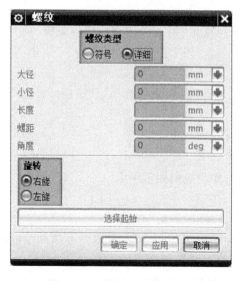

图 4.11　"螺纹"对话框(二)

图 4.12 "螺纹"对话框(三)

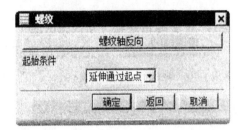

图 4.13 "螺纹"对话框(四)

4.4.6 拔模

使用"拔模"命令可以使面相对于指定的拔模方向成一定的角度。拔模通常用于对模型、部件、模具或冲模的竖直面添加斜度,以便借助拔模面将部件或模型与其模具或冲模分开。用户可以为拔模操作选择一个或多个面,但它们必须都是同一实体的一部分。

下面分别以面拔模和边拔模为例介绍拔模过程。

1. 面拔模

面拔模的一般操作过程

(1)选择命令。选择下拉菜单"插入→细节特征→拔模"命令,系统弹出图 4.14 所示的"拔模"对话框。

(2)选择拔模方式

在"拔模"对话框的"类型"下拉列表中选择"从平面或曲面"选项。

(3)指定拔模方向

单击按钮,选取作为拔模的方向。

(4)定义拔模固定平面

选取长方体的一个表面作为拔模固定平面。

(5)定义拔模面(略)

(6)定义拔模角

系统弹出设置拔模角的动态文本框,输入拔模角度值30(也可拖动拔模手柄至需要的拔模角度)。

(7)单击"确定"按钮,完成拔模操作。

"拔模"对话框中有关按钮的说明如下:

"从平面或曲面":选择该选项,在静止平面上,实体的横截面通过拔模操作维持不变。

图 4.14 "拔模"对话框

"从边"选择该选项:使整个面在旋转过程中保持通过部件的横截面是平的。

"与多个面相切":在拔模操作之后,拔模的面仍与相邻的面相切。此时,固定边未被固定,而是移动的,以保持与选定面之间的相切约束。

"至分型边":在整个面旋转过程中保留通过该部件中平的横截面,并且根据需要在分型边缘创建突出部分。

"自动判断的矢量":单击该按钮,可以从所有的指定矢量创建选项中进行选择。

"固定平面":单击该按钮,允许通过选择的平面、基准平面或与拔模方向垂直的平面所通过的一点来选择该面。此选择步骤仅可用于从固定平面拔模和拔模到分型边缘这两种拔模类型。

"要拔模的面":单击该按钮,允许选择要拔模的面。此选择步骤仅在创建从固定平面拔模类型时可用。

"反向":单击该按钮,将显示的方向矢量反向。

2. 边拔模

边拔模的一般操作过程如下:

(1)选择命令。选择下拉菜单"插入→细节特征→拔模"命令,系统弹出"拔模"对话框。

(2)选择拔模类型。在"拔模"对话框的"类型"下拉列表中选择"从边"选项,从固定边缘拔模。

(3)指定拔模方向。

(4)定义拔模边缘。

(5)定义拔模角。系统弹出设置拔模角的动态文本框,在动态文本框内输入拔模角度值30(也可拖动拔模手柄至需要的拔模角度)。

(6)单击"确定"按钮,完成拔模操作。

4.4.7　抽壳

使用"抽壳"命令可以利用指定的壁厚值来抽空一实体,或绕实体建立一壳体。可以指定不同表面的厚度,也可以移除单个面。

1. 在长方体上执行面抽壳操作

面抽壳的一般操作过程如下:

(1)选择命令。选择下拉菜单"插入→偏置/缩放→抽壳"命令,系统弹出图 4.15 所示的"抽壳"对话框。

图 4.15　"抽壳"对话框

(2)在"抽壳"对话框的"类型"下拉列表中选取"移动面,然后抽壳"选项。

(3)定义移除面。

(4)定义抽壳厚度。在"抽壳"对话框的"厚度"文本框内输入值 10,也可以拖动抽壳手柄至需要的数值。

(5)单击"确定"按钮,完成抽壳操作。

"抽壳"对话框中有关按钮的说明如下:

"移动面,然后抽壳":选取该选项,选择要从壳体中移除的面。可以选择一个或多个移除面,当选择移除面时,"选择意图"工具条被激活。

"抽壳所有面":单击该按钮,选择要抽壳的体,壳的偏置方向是所选择面的法向。如果在部件中仅有一单个实体,它将被自动选中。

2. 在长方体上执行体抽壳操作

体抽壳的一般操作过程如下:

(1)选择命令。选择下拉菜单"插入→偏置/缩放→抽壳"命令,系统弹出"抽壳"对话框。

(2)在"抽壳"对话框的"类型"下拉列表中选取"对所有面抽壳"选项。

(3)定义抽壳对象。选择长方体为要抽壳的体。

（4）输入参数。在"厚度"文本框中输入厚度值（或者可以拖动抽壳手柄至需要的数值）。

（5）创建变厚度抽壳。

（6）单击"确定"按钮，完成抽壳操作。

4.4.8　扫掠特征介绍

扫掠特征是用规定的方法沿一条空间的路径移动一条曲线而产生的体。移动曲线称为截面线串，其路径称为引导线串。创建扫掠特征的一般操作过程如下：

1. 打开一个已有的零件模型。

2. 添加扫掠特征

（1）选择命令。选择下拉菜单"插入→扫掠（W）→扫掠（S）"命令，系统弹出图 4.16 所示的"扫掠"对话框。

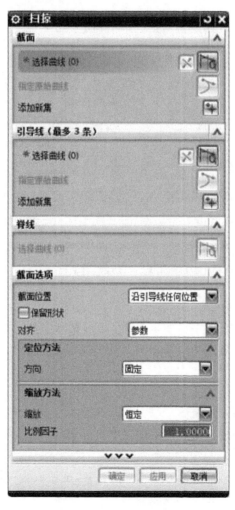

图 4.16　"扫掠"对话框

（2）定义截面曲线。

（3）定义引导线。在"引导线（最多三根）"区域中单击"选择曲线"按钮,选择引导线。

（4）在"扫掠"对话框中单击"确定"按钮,完成扫掠的特征操作。

4.4.9　凸台

让用户能在平面或基准面上生成一个简单的凸台。

1. 执行方式

菜单:选择"菜单→插入→设计特征→凸台"命令。

功能区:单击"主页"选项卡中"特征"面组上的"凸台"按钮。

2. 操作步骤

（1）执行上述方式,打开如图 4.16 所示的"凸台"对话框。

（2）选择要定位凸台的平放置面或基准平面。

（3）输入各参数值。

（4）单击"确定"按钮,使用定位对话框来精确定位凸台。

图 4.17　"凸台"对话框

【选项说明】

（1）选择步骤－放置面:用于指定一个平的面或基准平面,以在其上定位凸台。

（2）过滤器:通过限制可用的对象类型以帮助选择需要的对象。这些选项是任意面和基准平面。

（3）直径:输入凸台直径的值。

（4）高度:输入凸台高度的值。

（5）锥角:输入凸台的柱面壁向内倾斜的角度。该值可正可负。零值产生没有锥度的垂直圆柱壁。

（6）反侧:如果选择了基准面作为放置平面,则此按钮成为可用。单击此按钮使当前方向矢量反向,同时重新生成凸台的预览。

4.4.10　腔体

1. 执行方式

菜单:选择"菜单→插入→设计特征→腔体"命令。

功能区:单击"主页"选项卡中"特征"面组上的"腔体"按钮命令。

2. 操作步骤

执行上述方式,打开如图 4.18 所示的"腔体"对话框。

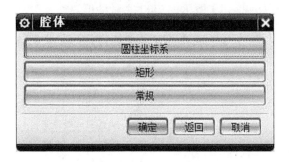

图 4.18　"腔体"对话框

(1)创建圆柱形腔体

①在对话框中单击圆柱坐标系按钮,选择一个平的曲面或基准平面为放置面。

②指定腔体的各个参数。

③使用定位对话框来精确定位腔体。

(2)创建矩形腔体

①在对话框中单击矩形按钮,选择一个平的曲面或基准平面为放置面。

②指定腔体的各个参数。

③使用定位对话框来精确定位腔体。

(3)创建常规腔体

①在对话框中单击柱按钮,选择一个平的曲面或基准平面为放置面。

②单击中键(三键式鼠标,下同)或单击放置面轮廓按钮,选择放置面轮廓曲线。

③单击中键或单击底面按钮,选择底面。

④单击中键或选择偏置按钮,并输入偏置距离。

⑤单击中键或选择底面轮廓按钮,选择底面轮廓。

⑥单击"确定"按钮,创建常规腔体。

【选项说明】

圆柱坐标系:选中该选项,在选定放置平面后,打开"圆柱形腔体"对话框,该选项让用户定义一个圆形的腔体,有一定的深度,有或没有圆角的底面,具有直面或斜面。

(1)腔体直径:输入腔体的直径。

(2)深度:沿指定方向矢量从原点测量的腔体深度。

(3)底面半径:输入腔体底边的圆形半径。此值必须大于或等于零。

(4)锥角:应用到腔壁的拔模角。此值必须大于或等于零。

需要注意的是:深度值必须大于底半径。

4.4.11　垫块

1. 执行方式

菜单:选择"菜单→插入→设计特征→垫块"命令。

功能区:单击"主页"选项卡中"特征"面组上的"垫块"按钮。

2. 操作步骤

执行上述方式,打开如图 4.19 所示的"垫块"对话框。

图 4.19　"垫块"对话框

(1)创建矩形垫块

①在对话框中单击"矩形"按钮。

②选择一个水平放置面。

③从目标体选择水平参考。

④输入特征参数的值。

⑤利用定位对话框定位垫块。

(2)创建常规垫块

①在对话框中单击"常规"按钮。

②指定放置面。

③指定放置面轮廓。

④指定放置面轮廓投影矢量。

⑤指定顶面。

⑥指定顶部轮廓曲线。

⑦指定顶部轮廓投影矢量。

⑧指定轮廓对齐方法。

⑨指定垫块放置面、顶部或拐角处的半径。

⑩指定可选的目标体。

单击"确定"按钮创建垫块。

3. 选项说明

(1)矩形

选中该按钮,在选定放置平面及水平参考面后,打开如图 4.20 所示的"矩形垫块"对话框。让用户定义一个有指定长度、宽度和深度,在拐角处有指定半径,具有直面或斜面的垫块。

图 4.20　"矩形垫块"对话框

长度:输入垫块的长度。

宽度:输入垫块的宽度。

高度:输入垫块的高度。

拐角半径:输入垫块竖直边的圆角半径。

锥角:输入垫块的四壁向里倾斜的角度。

(2)常规

选中该按钮,打开如图 4.21 所示的"常规垫块"对话框。与矩形垫块相比,该选项所定义的垫块具有更大的灵活性。该选项各功能与"腔体"的"常规"选项类似。

图 4.21　"常规垫块"对话框

4.4.12　键槽

让用户生成一个直槽的通道,通过实体或通到实体里面。在当前目标实体上自动在菜单栏中选择减去操作。所有槽类型的深度值按垂直于平面放置面的方向测量。

1. 执行方式

菜单:选择"菜单→插入→设计特征→键槽"。

命令功能区:单击"主页"选项卡中"特征"面组上的"键槽"按钮。

2. 操作步骤

(1)执行上述方式,打开如图 4.22 所示的"键槽"对话框。

(2)选择要创建的键槽类型。

(3)选择放置面。

(4)选择水平参考。

(5)输入特征参数值。

(6)使用定位对话框精确定位键槽。

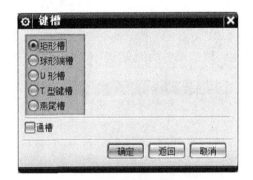

图 4.22　"键槽"对话框

3. 选项说明

(1)矩形槽

选中该选项,在选定放置平面及水平参考面后,打开如图 4.23 所示的"矩形键槽"对话框。选择该选项让用户沿着底边生成带有尖锐边缘的槽。

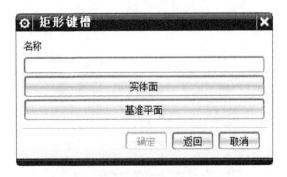

图 4.23　"矩形键槽"对话框

长度:槽的长度,按照平行于水平参考的方向测量,此值必须是正的。

宽度:槽的宽度值。

深度:槽的深度,按照和槽的轴相反的方向测量,是从原点到槽底面的距离,此值必须是正的。

(2)球形端槽

选中该选项,在选定放置平面及水平参考面后,打开如图 4.24 所示的"球形键槽"对话框。该选项让用户生成一个有完整半径底面和拐角的槽。

图 4.24　"球形键槽"对话框

(3)U 形槽

选中该选项,在选定放置平面及水平参考面后系统会打开如图 4.25 所示的"U 形键槽"对话框,可以用此选项生成"U"形的槽。这种槽留下圆的转角和底面半径。

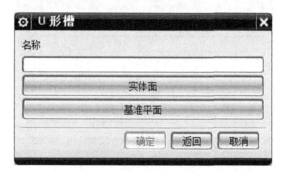

图 4.25　"U 形键槽"对话框

宽度:槽的宽度(即切削工具的直径)。

深度:槽的深度,在槽轴的反方向测量,也即从原点到槽底的距离,这个值必须为正。

拐角半径:槽的底面半径(即切削工具边半径)。

长度:槽的长度,在平行于水平参考的方向上测量,这个值必须为正。

(4)T 型键槽

选中该选项,在选定放置平面及水平参考面,打开如图 4.26 所示的"T 型键槽"对话框,此选项能够生成横截面为倒 T 字形的槽。

顶部宽度:槽的较窄的上部宽度。

图 4.26　"T 型键槽"对话框

顶部深度:槽顶部的深度,在槽轴的反方向上测量,即从槽原点到底部深度值顶端的距离。

底部宽度:槽的较宽的下部宽度。

底部深度:槽底部的深度,在槽轴的反方向上测量,即从顶部深度值的底部到槽底的距离。

长度:槽的长度,在平行于水平参考的方向上测量,这个值必须为正。

(5)燕尾槽

选中该选项,在选定放置平面及水平参考面后,打开如图 4.27 所示"燕尾槽"对话框。该选项生成"燕尾"形的槽。这种槽留下尖锐的角和有角度的壁。

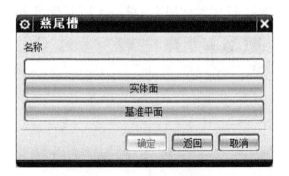

图 4.27　"燕尾槽"对话框

宽度:实体表面上槽的开口宽度,在垂直于槽路径的方向上测量,以槽的原点为中心。

深度:槽的深度,在槽轴的反方向测量,也就是从原点到槽底的距离。

角度:槽底面与侧壁的夹角。

长度:槽的长度,在平行于水平参考的方向上测量,这个值必须为正。

(6)通槽

该复选框让用户生成一个完全通过两个选定面的槽。如果在生成特殊的槽时碰到麻烦,尝试按相反的顺序选择通过面。槽可能会多次通过选定的面,这取决于选定面的形状。

4.4.13   槽

该选项让用户在实体上生成一个槽,就好像一个成形刀具在旋转部件上向内(从外部定位面)或向外(从内部定位面)移动,如同车削操作。

1. 执行方式

菜单:选择"菜单→插入→设计特征→槽"命令。

功能区:单击"主页"选项卡中"特征"面组上的"槽"按钮。

2. 操作步骤

(1)执行上述方式,打开如图 4.28 所示的"槽"对话框。

图 4.28   "槽"对话框

(2)选择槽类型。

(3)选择圆柱形或圆锥形面为放置面。

(4)输入参数值。

(5)选择目标边,选择工具边,并输入所选边之间的面距离。

(6)单击"确定"按钮,创建槽。

3. 选项说明

(1)矩形

选中该选项,在选定放置平面后系统会打开如图 4.29 所示的"矩形槽"对话框。该选项让用户生成一个周围为尖角的槽。

图 4.29   "矩形槽"对话

①槽直径

生成外部槽时,指定槽的内径;而当生成内部槽时,指定槽的外径。

②宽度

槽的宽度,沿选定面的轴向测量。

(2)球形端槽

选中该选项,在选定放置平面后系统会打开如图 4.30 所示的"球形端槽"对话框。使用该选项生成底部有完整半径的槽。

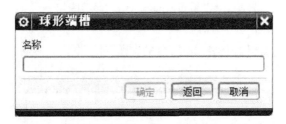

图 4.30 "球形端槽"对话框

①槽直径

生成外部槽时,指定槽的内径;而当生成内部槽时,指定槽的外径。

②球直径

槽的宽度。

(3)U 形槽

选中该选项,在选定放置平面后系统打开如图 4.25 所示的"U 形槽"对话框。该选项让用户生成在拐角有半径的槽。

①槽直径

生成外部槽时,指定槽的内部直径;而当生成内部槽时,指定槽的外部直径。

②宽度

槽的宽度沿选择面的轴向测量。

③拐角半径

槽的内部圆角半径。

4.4.14 三角形加强筋(肋)

用于沿着两个相交面的交线创建一个三角形加强筋特征。

1. 执行方式

菜单:选择"菜单→插入→设计特征→三角形加强筋"命令。

功能区:单击"主页"选项卡中"特征"面组上的"三角形加强筋"按钮。

2. 操作步骤

(1)执行上述方式,打开如图 4.31 所示的"三角形加强筋"对话框。

(2)选择定位三角形加强筋的第一组面。

(3)单击"第二组",选择定位三角形加强筋的第二组面。

(4)选择定位三角形加强筋的方法。

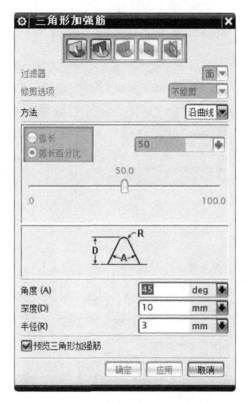

图 4.31　"三角形加强筋"对话框

（5）指定所需三角形加强筋的尺寸。

（6）单击"确定"按钮,创建三角形加强筋特征。

3. 选项说明

（1）选择步骤

第一组:单击该图标,在视图区选择三角形加强筋的第一组放置面。

第二组:单击该图标,在视图区选择三角形加强筋的第二组放置面。

位置曲线:在第二组放置面的选择超过两个曲面时,该按钮被激活,用于选择两面多条交线中的一条交线作为三角形加强筋的位置曲线。

位置平面:单击该图标,用于指定与工作坐标系或绝对坐标系相关的平行平面或视图区指定一个已存在的平面位置来定位三角形加强筋。

方向平面:单击该图标,用于指定三角形加强筋倾斜方向的平面。方向平面可以是已存在平面或基准平面,默认的方向平面是已选两组平面的法向平面。

（2）方法

用于设置三角形加强筋的定位方法,包括"沿曲线"和"位置"定位两种方法。

沿曲线:用于通过两组面交线的位置来定位。可通过指定"圆弧长"或"% 圆弧长"值来定位。

位置:选择该选项,对话框的变化如图 4.32 所示,此时可单击图标来选择定位方式。

弧长:用于为相交曲线上的基点输入参数值或表达式。

弧长百分比:用于对相交处的点前后切换参数,即从弧长切换到弧长百分比。

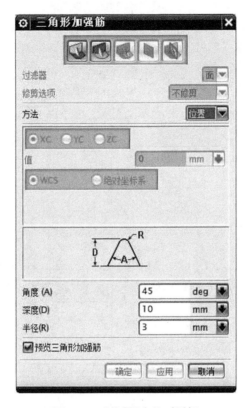

图4.32　"位置"定位对话框

尺寸:指定三角形加强筋特征的尺寸。

4.4.15　缩放

使用"缩放"命令可以在"工作坐标系"(WCS)中按比例缩放实体和片体。可以使用均匀比例,也可以在 *XC*、*YC* 和 *ZC* 方向上独立地调整比例。比例类型有均匀、轴对称和通用比例。使用"缩放"命令的一般操作过程如下:

1. 在长方体上执行均匀比例类型操作

(1)选择命令。选择下拉菜单"插入→偏置/缩放→缩放体"命令,系统弹出图4.33所示的"缩放体"对话框。

(2)在"缩放体"对话框的下拉列表中选择该选项。

(3)定义"缩放体"对象。

(4)定义缩放点。单击"缩放点"区域中的"指定点"按钮,然后选择立方体顶点。

(5)输入参数。在"均匀"文本框中输入比例因子,单击"应用"按钮,完成均匀比例操作。

"缩放体"对话框中的有关选项的说明如下:

"类型"下拉列表:比例类型有四个基本选择步骤,但对每一种比例"类型"方法而言,不是所有的步骤都可用。

均匀:在所有方向上均匀地按比例缩放。

图 4.33　"缩放体"对话框

轴对称:以指定的比例因子(或乘数)沿指定的轴对称缩放。

常规:在 X、Y 和 Z 三个方向上以不同的比例因子缩放。

选择体:允许用户为比例操作选择一个或多个实体或片体。所有的三个"类型"方法都要求此步骤。

2. 在立方体上执行轴对称比例类型操作

(1)选择类型。在"缩放体"对话框的下拉列表中选择"轴对称"选项。

(2)定义"缩放体"对象。选取要执行比例操作的立方体。

(3)定义矢量方向。选择"指定矢量"下拉列表中的"两点"按钮,然后选取立体的两个顶点。

(4)定义参考点。单击"指定轴通过点"按钮,然后选取缩放参考点。

(5)输入参数。在对话框的文本框中输入比例因子,其余参数采用系统默认设置值,单击确定按钮,完成轴对称比例操作。

4.4.16　模型的关联复制

模型的关联复制主要包括"抽取几何体"和"对特征形成图样"两种,这两种方式都是对已有的模型特征进行操作,可以创建与已有模型特征相关联的目标特征,从而减少许多重复的操作,节约大量的时间。

4.4.17　图层的使用

所谓图层,就是在空间中选择不同的图层面来存放不同的目标对象。UG NX 10.0 中的图层功能类似于设计师在透明覆盖图层上建立模型的方法,一个图层就类似于一个透明的覆盖图层;不同的是,在一个图层上的对象可以是三维空间中的对象。

1. 图层的基本概念

在一个 UG NX 10.0 部件中,最多可以含有 256 个图层,每个图层上可含任意数量的对象,因此在一个图层上可以含有部件中的所有对象,而部件中的对象也可以分布在任意一个或多个图层中。

在一个部件的所有图层中,只有一个图层是当前工作图层,所有操作只能在当前工作图层上进行,而其他图层则可以对它们的可见性、可选择性等进行设置和辅助工作。如果要在某图层中创建对象,则应在创建对象前使其成为当前工作图层。

2. 设置图层

UG NX 10.0 提供了 256 个图层,这些图层都必须通过选择"格式"下拉菜单中的"图层设置"命令来完成所有的设置。图层的应用对于建模工作有很大的帮助。选择"图层设置"命令后,系统弹出图 4.34 所示的"图层设置"对话框,利用该对话框,用户可以根据需要设置图层的名称、分类、属性和状态等,也可以查询图层的信息,还可以进行有关图层的一些编辑操作。

图 4.34 "图层设置"对话框

"图层设置"对话框中的主要功能说明如下:

"工作图层"文本框:在该文本框中输入某图层号并按 Enter 键后,则系统自动将该图层设置为当前的工作图层。

按"范围/类别选择图层"文本框:在该文本框中输入图层的种类名称后,系统会自动选取所有属于该种类的图层。

　　"类别显示"选项:选中此选项图层,列表中将按对象的类别进行显示,如图 4.35 所示。

图 4.35　"类别显示"选项框

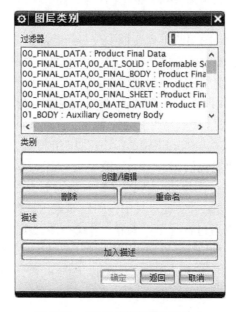

图 4.36　"图层类别"对话框(一)

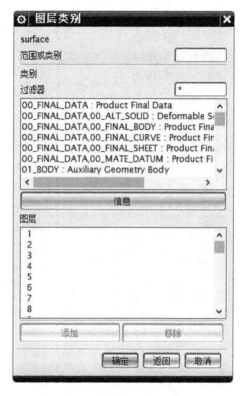

图 4.37 "图层类别"对话框(二)

"类别过滤器"文本框:文本框主要用于输入已存在的图层种类名称来进行筛选,该文本框中系统默认为"＊",此符号表示所有的图层种类。

"显示"下拉列表:用于控制图层列表框中图层显示的情况。

"所有图层"选项:图层状态列表框中显示所有的图层(1~256层)。

"含有对象的图层"选项:图层状态列表框中仅显示含有对象的图层。

"所有可选图层"选项:图层状态列表框中仅显示可选择的图层。

"所有可见图层"选项:图层状态列表框中仅显示可见的图层。

注意:当前的工作图层在以上三种情况下,都会在图层列表框中显示。

在 UG NX 10.0 系统中,可对相关的图层分类进行管理,以提高操作的效率。例如叮设置"MODELING""DRAFTING"和"ASSEMBLY"等图层组种类,图层组"MODELING"包括1~20层,图层组"DRAFTING"包括21~40层,图层组"ASSEMBLY"包括41~60层。当然还可以根据自己的习惯来进行图层组种类的设置。当需要对某一图层组中的对象进行操作时,可以很方便地通过图层组来实现对其中各图层对象的选择。

图层组的种类设置可以通过选择下拉菜单"格式→图层类别"命令来实现。选择该命令后,系统弹出图4.36所示的"图层类别"对话框(一),在该对话框的"类别"文本框中输入新种类的名称,单击"创建/编辑"按钮,系统弹出图4.37所示的"图层类别"对话框(二)。

"图层类别"对话框(一)中主要选项的功能说明如下：

"过滤器"文本框：用于输入已存在的图层种类名称来进行筛选,该文本框下方的列表框用于显示已存在的图层组种类或筛选后的图层组种类,可在该列表框中直接选取需要进行编辑的图层组种类。

"类别"文本框：用于输入图层组种类的名称,可输入新的种类名称来建立新的图层组种类,或是输入已存在的名称进行该图层组的编辑操作。

"创建/编辑"按钮：用于创建新的图层组或编辑现有的图层组。单击该按钮前,必须要在文本框中输入名称。如果输入的名称已经存在,则可对该图层组进行编辑操作;如果所输入的名称不存在,则创建新的图层组。

"删除"按钮和"重命名"按钮：主要用于图层组种类的编辑操作。

"删除"按钮用于删除所选取的图层组种类;"重命名"按钮用于对已存在的图层组种类重新命名。

"描述"文本框：用于输入某图层相应的描述文字,解释该图层的含义。当输入的文字长度超出文本框的规定长度时,系统则会自动进行延长匹配,所以在使用中也可以输入比较长的描述语句。

在进行图层组种类的建立、编辑和更名的操作时,可以按照以下的方式进行：

(1)建立一个新的图层

在图 4.35 所示的"图层类别"对话框(一)的"类别"文本框中输入新图层的名称,还可在"描述"后的文本框中输入相应的描述信息。单击"确定"按钮,在系统弹出的图 4.37 所示的"图层类别"对话框(二)中,从图层列表框中选取该种类需要包括的层,先单击"添加"按钮,然后单击"确定"按钮完成操作,即可创建一个新的图层组。

(2)修改所选图层的描述信息

在图 4.36 所示的"图层类别"对话框(一)中选择需修改描述信息的图层,在"描述"文本框中输入相应的描述信息,然后单击"确定"按钮,系统便可修改所选图层的描述信息。

(3)编辑一个存在图层种类

在图 4.33 所示的"图层设置"对话框的"类别"选项组中输入图层名称,或直接在图层组种类列表框中选择欲编辑的图层,便可对其进行编辑操作。

3. 视图中的可见图层

使用"格式"下拉菜单中的"视图中的可见层"命令,可以设置图层的可见或不可见。选择"视图中的可见层"命令后,系统弹出图 4.38 所示的"视图中可见图层"对话框(一),在该对话框中选取某个视图,单击"确定"按钮,则系统弹出图 4.39 所示的"视图中可见图层"对话框(二),该对话框用于控制所选视图所在图层的显示状态。在"视图中可见图层"对话框(二)的列表框中选择某个图层,然后单击可见按钮或不可见按钮,可以设置该图层的可见性。

4. 移动至图层

"移动至图层"功能用于把对象从一个图层移出并放置到另一个图层,其一般操作步骤如下：

(1)选择命令。选择下拉菜单"格式→移动至图层"命令,系统弹出"类选择"对话框。

(2)定义目标特征。先单击目标特征,然后单击"类选择"对话框中的"确定"按钮,系统弹出图 4.40 所示的"图层移动"对话框。

图 4.38 "视图中可见图层"对话框(一)

图 4.39 "视图中可见图层"对话框(二)

(3)选择目标图层或输入目标图层的编号,单击"确定"按钮,完成该操作。

5. 复制至图层

"复制至图层"功能用于把对象从一个图层复制到另一个图层,且源对象依然保留在原来的图层上,其一般操作步骤如下:

(1)选择命令。选择下拉菜单中"格式→复制至图层",系统弹出"类选择"对话框。

图 4.40　"图层移动"对话框

　　(2)定义目标特征。先单击目标特征,然后单击确定按钮,系统弹出"图层复制"对话框,如图 4.41 所示。

图 4.41　"图层复制"对话框

　　(3)定义目标图层。从图层列表框中选择一个目标图层,或在数据输入字段中输入一个图层编号。单击"确定"按钮,完成该操作。

　　说明:组件、基准轴和基准平面类型不能在图层之间复制,只能移动。

4.4.18　抽取几何体

　　抽取几何体是用来创建所选取特征的关联副本。抽取几何体操作的对象包括面、面区域和体。如果抽取一条曲线,则创建的是曲线特征;如果抽取一个面或一个区域,则创建一个片体;如果抽取一个体,则新体的类型将与原先的体相同(实体或片体)。当更改原来的特征时,可以决定抽取后得到的特征是否需要更新。在零件设计中,常会用到抽取模型特征的功能,它可以充分地利用已有的模型,大大地提高工作效率。下面以几个范例来说明如何使用抽取几何体功能。

1. 抽取面特征

抽取单个曲面的操作过程如下:

(1)选择下拉菜单"插入→关联复制→抽取几何特征"命令,系统弹出图 4.42 所示的"抽取几何特征"对话框(一)。

图 4.42　"抽取几何特征"对话框(一)

(2)定义抽取对象。在"抽取几何特征"对话框(一)的"类型"下拉列表中选择"面"选项(见图 4.43)。

图 4.43　"面"选项对话框

(3)选取抽取对象。

(4)隐藏源特征。在"设置"区域选中"隐藏原先的"复选框,单击"确定"按钮,完成对曲面特征的抽取。

"抽取几何特征"对话框(一)中部分选项功能的说明如下:

"面":用于从实体或片体模型中抽取曲面特征,能生成三种类型的曲面。

"面区域":抽取区域曲面时,是通过定义种子曲面和边界曲面来创建片体,创建的片体是从种子面开始向四周延伸到边界面的所有曲面构成的片体(其中包括种子曲面,但不包括边界曲面)。

"体":用于生成与整个所选特征相关联的实体。

"与原先相同":从模型中抽取的曲面特征保留原来的曲面类型。

"三次多项式":用于将模型的选中面抽取为三次多项式B曲面类型。

"一般B曲面":用于将模型的选中面抽取为一般的B曲面类型。

2.抽取面区域特征

抽取面区域特征用于创建一个片体,该片体是一组和种子面相关的且被边界面限制的面。

用户根据系统提示选取种子面和边界面后,系统会自动选取从种子面开始向四周延伸直到边界面的所有曲面(包括种子面,但不包括边界面)。

3.抽取体特征

抽取体特征可以创建整个体的关联副本,并将各种特征添加到抽取体特征上,而不在原先的体上出现。当更改原先的体时,还可以决定抽取体特征是否更新。

(1)选择下拉菜单"插入→关联复制→抽取几何特征"命令,系统弹出"抽取几何特征"对话框。

(2)定义抽取对象。在"抽取几何特征"对话框(二)的"类型"下拉列表中选择"体"选项(见图4.44)。

(3)选取抽取对象。

(4)隐藏源特征。在"设置"区域选中"隐藏原先的"复选框。单击"确定"按钮,完成对体特征的抽取。

注意:所抽取的体特征与原特征相互关联,类似于复制功能。

图4.44 "抽取几何特征"对话框(二)

4.5 特征编辑

特征的编辑是在完成特征的创建以后,对其中的一些参数进行修改的操作。可以对特征的尺寸、位置和先后次序等参数进行重新编辑,在一般情况下,保留其与别的特征建立起来的关联性质。它包括编辑参数、编辑定位、特征移动、特征重排序、替换特征、抑制特征、取消抑制特征、去除特征参数和特征回放等。

4.5.1 特征编辑介绍

UG NX 10.0 的编辑特征功能主要是通过选择"菜单→编辑→特征"命令,打开"特征"子菜单或"编辑特征"工具栏来实现的。

1. 编辑特征参数

选择"菜单→编辑→特征→编辑参数",打开如图 4.45 所示的"编辑参数"对话框。该对话框用于选择要编辑的特征。

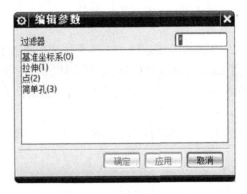

图 4.45 "编辑参数"对话框

用户可以通过三种方式编辑特征参数:可以在视图区双击要编辑参数的特征,也可以在"编辑参数"对话框的"特征"对话框中选择要编辑参数的特征名称,或者在"部件导航器"上右键单击相应的特征后选择"编辑参数"。随选择特征的不同,打开的"编辑参数"对话框形式也有所不同。

根据编辑各特征对话框的相似性,现将编辑特征参数分成四类情况进行介绍。它们分别是编辑一般实体特征参数、编辑扫描特征参数、编辑阵列特征参数和编辑其他特征参数等。

一般实体特征是指基本特征、成形特征与用户自定义特征等,它们的"编辑参数"对话框类似。对于某些特征,其"编辑参数"对话框可能只有其中的一个或两个选项。

(1)特征对话框

用于编辑特征的存在参数。单击该按钮,打开创建所选特征时对应的参数对话框,修改需要改变的参数值即可。

(2)重新附着

用于重新指定所选特征附着平面。可以把建立在一个平面上的特征重新附着到新的特征上去。对已经具有定位尺寸的特征,需要重新指定新平面上的参考方向和参考边。

2. 编辑定位

选择"菜单→编辑→特征→编辑位置",打开"编辑位置"特征选择列表框,选择要编辑定位的特征,单击"确定"按钮,打开如图 4.46 所示的"编辑位置"对话框或 "定位"对话框。

"编辑位置"对话框用于添加定位尺寸、编辑或删除已存在的定位的尺寸。"定位"对话框用于添加尺寸。

图 4.46　"编辑位置"对话框

3. 移动特征

选择"菜单→编辑→特征→移动",打开"移动特征"特征列表框,选中要移动的特征后,单击按钮,打开如图 4.47 所示的"移动特征"对话框。

图 4.47　"移动特征"对话框

(1) DXC、DYC 和 DZC 文本框。用于在文本框中输入分别在 X、Y 和 Z 方向上需要增加的数值。

(2) 至一点。用户可以把对象移动到一点。单击该按钮,打开"点"对话框,系统提示用户先后指定两点,系统用两点确定一个矢量,把对象沿着这个矢量移动一个距离,而这个距离就是指定的两点间的距离。

(3) 在两轴间旋转。单击该按钮,打开"点"对话框,系统提示用户选择一个参考点,接着打开"矢量构成"对话框,系统提示用户指定两个参考轴。

(4) CSYS 到 CSYS。用户可以把对象从一个 CSVS 移动到另一个 CSYS。

4.5.2　特征的抑制和取消抑制

选择"菜单→编辑→特征→抑制",打开如图 4.48 所示的"抑制特征"对话框。该对话框用于将一个或多个特征从视图区和实体中临时删除。被抑制的特征并没有从特征数据库中删除,可以通过"取消抑制"命令重新显示。

选择"菜单→编辑→特征→取消抑制",打开如图 4.49 所示的"取消抑制特征"对话框。该对话框用于使已抑制的特征重新显示。

图 4.48 "抑制特征"对话框

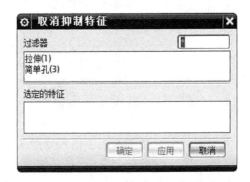

图 4.49 "取消抑制特征"对话框

4.5.3 特征变换

"变换"命令允许用户进行平移、旋转、比例或复制等操作,但是不能用于变换视图布局、图样或当前的工作坐标系。通过变换生成的特征与源特征不相关联。

选择下拉菜单"编辑→变换"命令,系统弹出图 4.50 所示的"变换"对话框(一),选取特征后,单击确定按钮,系统弹出图 4.51 所示的"变换"对话框(二)。

说明:如果在选择"变换"命令之前,已经在图形区选取了某对象,则选择"变换"命令后,系统弹出"变换"对话框(二)。

"变换"对话框(二)中按钮的功能说明如下:

"比例"按钮:通过指定参考点、缩放类型及缩放比例值来缩放对象。

"通过一直线镜像"按钮:通过指定一直线为镜像中心来复制选择的特征。

"矩形阵列"按钮:对选定的对象进行矩形阵列操作。

"圆形阵列"按钮:对选定的对象进行圆形阵列操作。

"通过一平面镜像"按钮:通过指定一平面为镜像中心线来复制选择的特征。

"点拟合"按钮:将对象从引用集变换到目标点集。

图 4.50　"变换"对话框(一)

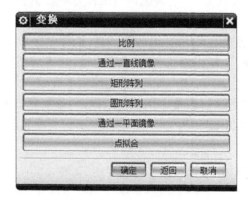

图 4.51　"变换"对话框(二)

第5章　零件的装配

5.1　装配环境介绍和设置

一个产品(组件)往往是由多个部件组合(装配)而成的,装配模块用来建立部件间的相对位置关系,从而形成复杂的装配体。部件间位置关系的确定主要通过添加约束来实现。

一般的 CAD/CAM 软件包括两种装配模式:多组件装配和虚拟装配。多组件装配是一种简单的装配,其原理是将每个组件的信息复制到装配体中,然后将每个组件放到对应的位置。虚拟装配是建立各组件的链接,装配体与组件是一种引用关系。

相对于多组件装配,虚拟装配有明显的优点:

(1)虚拟装配中的装配体是引用各组件的信息,而不是复制其本身,因此改动组件时,相应的装配体也自动更新;这样当对组件进行变动时,就不需要对与之相关的装配体进行修改,同时也避免了修改过程中可能出现的错误,提高了效率。

(2)虚拟装配中,各组件通过链接应用到装配体中,比复制节省了存储空间。

(3)控制部件可以通过引用集的引用,下层部件不需要在装配体中显示,简化了组件的引用,提高了显示速度。

UG NX 10.0 的装配模块具有下面一些特点:

(1)利用装配导航器可以清晰地查询、修改和删除组件以及约束;

(2)提供了强大的爆炸图工具,可以方便地生成装配体的爆炸图。

提供了很强的虚拟装配功能,有效地提高了工作效率。提供了方便的组件定位方法,可以快捷地设置组件间的位置关系。系统提供了八种约束方式,通过对组件添加多个约束,可以准确地把组件装配到位。

相关术语和概念:

1. 装配

是指在装配过程中建立部件之间的相对位置关系,由部件和子装配组成。

2. 组件

在装配中按特定位置和方向使用的部件。组件可以是独立的部件,也可以是由其他较低级别的组件组成的子装配。装配中的每个组件仅包含一个指向其主几何体的指针,在修改组件的几何体时,装配体将随之发生变化。

3. 部件

任何 prt 文件都可以作为部件添加到装配文件中。

4. 工作部件

可以在装配模式下编辑的部件。在装配状态下,一般不能对组件直接进行修改,要修改组件,需要将该组件设为工作部件。部件被编辑后,所作修改的变化会反映到所有引用该部件的组件。

5. 子装配

子装配是在高一级装配中被用作组件的装配,子装配也可以拥有自己的子装配。子装配是相对于引用它的高一级装配来说的,任何一个装配部件可在更高级装配中用作子装配。

6. 引用集

定义在每个组件中的附加信息,其内容包括该组件在装配时显示的信息。每个部件可以有多个引用集,供用户在装配时选用。

5.2　基　准　特　征

5.2.1　基准轴设置

基准轴既可以是相对的,也可以是固定的。以创建的基准轴为参考对象,可以创建其他对象,比如基准平面、旋转特征和拉伸体等。

选择“菜单→插入→基准/点→基准轴”或单击“主页”选项卡“特征”面组上的“基准轴”按钮,打开如图 5.1 所示的“基准轴”对话框。

图 5.1　“基准轴”对话框

(1)点和方向通过选择一个点和方向矢量创建基准轴。

(2)两点通过选择两个点来创建基准轴。

(3)曲线上矢量通过选择曲线和该曲线上的点创建基准轴。

(4)曲线/面轴通过选择曲面和曲面上的轴创建基准轴。

(5)通过选择两相交对象的交点来创建基准轴。

5.2.2　基准平面设置

基准平面可作为创建其他特征(如圆柱、圆锥、球以及旋转的实体等)的辅助工具。可以创建两种类型的基准平面:相对基准平面和固定基准平面。

相对基准平面:相对基准平面是根据模型中的其他对象创建的,可使用曲线、面、边缘、点及其他基准作为基准平面的参考对象。

固定基准平面:固定基准平面既不供参考,也不受其他几何对象的约束,但在用户定义特征中除外。可使用任意相对基准平面创建固定基准平面:取消选择"基准平面"对话框中的"关联"复选框;还可根据 WCS 和绝对坐标系,并通过使用方程式中的系数,使用一些特殊方法创建固定基准平面。

1. 选择命令

选择下拉菜单"插入→基准/点→基准平面"命令,系统弹出图 5.2 所示的"基准平面"对话框。

图 5.2　"基准平面"对话框

2. 选择创建基准平面的方法

在"基准平面"对话框的下拉列表中选择"成一角度"选项,如图 5.3 所示。

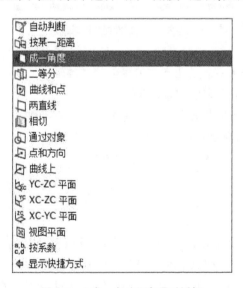

图 5.3　"成一角度"选项对话框

3.定义参考对象

选取参考平面和参考轴。

4.定义参数

在系统弹出的动态输入框内输入角度值60,单击"确定"按钮,完成基准平面的创建。

图 5.2 所示的"基准平面"对话框中各选项功能的说明如下:

(1)自动判断

通过选择的对象自动判断约束条件。例如,选取一个表面或基准平面时,系统自动生成一个预览基准平面,可以输入偏置值和数量来创建基准平面。

(2)按某一距离

通过输入偏置值创建与已知平面(基准平面或零件表面)平行的基准平面。

(3)成一角度

通过输入角度值创建与已知平面成一角度的基准平面。先选择一个平的面或基准面,然后选择一个与所选面平行的线性曲线或基准轴,以定义旋转轴。

(4)二等分

创建与两平行平面距离相等的某准平面,或创建与两相交平面所成角度相等的基准平面。

(5)曲线和点

用此方法创建基准平面的步骤是,先指定一个点,然后指定第二个点或者一条直线、线性边、基准轴、面等。如果选择直线、基准轴、线性曲线或特征的边缘作为第二个对象,则基准平面同时通过这两个对象;如果选择一般平面或基准平面作为第二个对象,则基准平面通过第一个点,但与第二个对象平行;如果选择两个点,则基准平面通过第一个点并垂直于这两个点所定义的方向;如果选择三个点,则基准平面通过这三个点。

(6)两直线

通过选择两条现有直线,或者直线与线性边、面的法向向量或基准轴的组合,创建的基准平面包含第一条直线且平行于第二条直线。如果两条直线共面,则创建的基准平面将同时包含这两条直线。否则,还会有下面两种可能的情况:一是这两条线不垂直,即创建的基准平面包含第二条直线且平行于第一条直线;二是这两条线垂直,即创建的基准平面包含第一条直线且垂直于第二条直线,或是包含第二条直线且垂直于第一条直线(可以使用循环解实现)。

(7)相切

创建一个与任意非平的表面相切的基准平面,还可选择与第二个选定对象相切。选择曲面后,系统显示与其相切的基准平面的预览,可接受预览的基准平面,或选择第二个对象。

(8)通过对象

根据选定的对象平面创建基准平面,对象包括曲线、边缘、面、基准、平面、圆柱、圆锥或旋转面的轴、基准坐标系、坐标系以及球面和旋转曲面。如果选择圆锥面或圆柱面,则在该面的轴线上创建基准平面。

(9)按系数

通过使用系数 A、B、C 和 D 指定一个方程的方式,创建固定基准平面,该基准平面由方程 $AX + BY + CZ = D$ 确定。

（10）点和方向

通过定义一个点和一个方向来创建基准平面。定义的点可以是使用点构造器创建的点，也可以是曲线或曲面上的点；定义的方向可以通过选取的对象自动判断，也可以使用矢量构造器来构建。

（11）曲线上

创建一个与曲线垂直或相切且通过已知点的基准平面。

5.2.3 基准坐标设置

基准坐标系由三个基准平面、三个基准轴和原点组成，在基准坐标系中可以选择单个基准平面、基准轴或原点。基准坐标系可用来创建其他特征、约束草图和定位在一个装配中的组件等。

1. 选择命令

选择下拉菜单"插入→基准/点→基准 CSYS"命令，系统弹出图 5.4 所示的"基准 CSYS"对话框。

图 5.4　"基准 CSYS"对话框

2. 选择创建基准坐标系的方式

在"基准 CSYS"对话框的类型下拉列表中选择"原点，X 点，Y 点"选项，如图 5.5 所示。

3. 定义参考点

选取长方体的三个顶点作为基准坐标系的参考点，其中原点是第一点，X 轴是从第一点到第二点的矢量，Y 轴是从第一点到第三点的矢量。

4. 单击"确定"按钮

完成基准坐标系的创建。

图 5.5 所示的"基准 CSYS"对话框中各功能的说明如下：

（1）动态

选择该选项，读者可以手动将 CSYS 移到所需的任何位置和方向。

图 5.5　"基准 CSYS""原点,X 点,Y 点"选项框

(2)自动判断

创建一个与所选对象相关的 CSYS,或通过 X、Y 和 Z 分量的增量来创建 CSYS。实际所使用的方法是基于所选择的对象和选项。要选择当前的 CSYS,可选择自动判断的方法。

(3)原点,X 点,Y 点

根据选择的三个点或创建三个点来创建 CSYS。要想指定三个点,可以使用点方法选项或使用相同功能的菜单,打开"点构造器"对话框。X 轴是从第一点到第二点的矢量;Y 轴是从第一点到第三点的矢量;原点是第一点。

(4)X 轴,Y 轴,原点

根据所选择或定义的一点和两个矢量来创建 CSYS,选择的两个矢量作为坐标系的 X 轴和 Y 轴;选择的点作为坐标系的原点。

(5)Z 轴,X 轴,原点

根据所选样或定义的一点和两个矢量来创建 CSYS,选择的两个矢量作为坐标系的 Z 轴和 X 轴;选择的点作为坐标系的原点。

(6)平面,X 轴,原点

根据所选择或定义的一点和两个矢量来创建 CSYS,选择的两个矢量作为坐标系的 Z 轴和 Y 轴;选择的点作为坐标系的原点。

(7)三平面

根据所选择的一个平面、X 轴和原点来创建 CSYS,其中选择的平面为 Z 轴平面,选取的 X 轴方向即为 CSYS 中 X 轴方向,选取的原点为 CSYS 的原点。

(8)绝对 CSYS

根据所选择的三个平面来创建 CSYS,X 轴是第一个"基准平面/平的面"的法线;Y 轴是第二个"基准平面/平的面"的法线;原点是这三个基准平面的交点。

(9)绝对 CSYS

指定模型空间坐标系作为坐标系。X 轴和 Y 轴是"绝对 CSYS"的 X 轴和 Y 轴;原点为

"绝对 CSYS"的原点。

(10)当前视图的 CSYS

将当前视图的坐标系设置为坐标系。X 轴平行于视图底部;Y 轴平行于视图的侧面;原点为视图的原点(图形屏幕中间)。如果通过名称来选择,CSYS 将不可见或在不可选择的层中。

(11)偏执 CSYS

根据所选择的现有基准 CSYS 的 X、Y 和 Z 的增量来创建 CSYS。X 轴和 Y 轴为现有 CSYS 的 X 轴和 Y 轴;原点为指定的点。

在建模过程中,经常需要对工作坐标系进行操作,以便于建模。选择下拉菜单"格式→WCS→定向"命令,系统弹出图 5.6 所示的"CSYS"对话框,对所建的工作坐标系进行操作。该对话框的上部为创建坐标系的各种方式的按钮,其他选项为涉及的参数。其创建的操作步骤和创建基准坐标系一致。

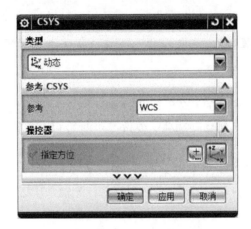

图 5.6　"CSYS"对话框

图 5.7 所示的"CSYS"对话框中各按钮功能的说明如下:

(1)自动判断

通过选择的对象或输入坐标分量值来创建一个坐标系。

(2)原点,X 点,Y 点

通过三个点来创建一个坐标系。这三个点依次是原点、X 轴方向上的点和 Y 轴方向上的点。第一点到第二点的矢量方向为 X 轴正向,Z 轴正向由第二点到第三点按右手法则来确定。

(3)X 轴,Y 轴

通过两个矢量来创建一个坐标系。坐标系的原点为第一矢量与第二矢量的交点,XC – YC 平面为第一矢量与第二矢量所确定的平面,X 轴正向为第一矢量方向,从第一矢量至第二矢量按右手法则确定 Z 轴的正向。

(4)X 轴,Y 轴,原点

创建一点作为坐标系原点,再选取或创建两个矢量来创建坐标系。X 轴正向平行于第一矢量方向,XC – YC 平面平行于第一矢量与第二矢量所在平面,Z 轴正向由从第一矢量在 XC – YC 平面上的投影矢量至第二矢量在 XC – YC 平面上的投影矢量,按右手法则确定。

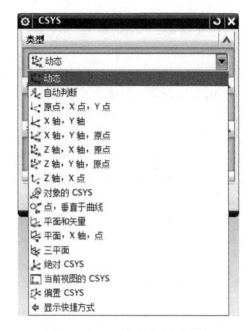

图 5.7　"CSYS"对话框中各按钮

(5)Z 轴,X 点

通过选择或创建一个矢量和一个点来创建一个坐标系。Z 轴正向为矢量的方向,X 轴正向为沿点和矢量的垂线指向定义点的方向,Y 轴正向由从 Z 轴至 X 轴按右手法则确定,原点为三个矢量的交点。

(6)对象的 CSYS

用选择的平面曲线、平面或工程图来创建坐标系,$XC - YC$ 平面为对象所在的平面。

(7)点,垂直于曲线

利用所选曲线的切线和一个点的方法来创建一个坐标系。原点为切点,曲线切线的方向即为 Z 轴矢量,X 轴正向为沿点到切线的垂线指向点的方向,Y 轴正向由从 Z 轴至 X 轴矢量按右手法则确定。

(8)平面和矢量

通过选择一个平面、选择或创建一个矢量来创建一个坐标系。X 轴正向为面的法线方向,Y 轴为矢量在平面上的投影,原点为矢量与平面的交点。

(9)三平面

通过依次选择三个平面来创建一个坐标系。三个平面的交点为坐标系的原点,第一个平面的法向为 X 轴,第一个平面与第二个平面的交线为 Z 轴。

(10)绝对 CSYS

在绝对坐标原点(0,0,0)处创建一个坐标系,即与绝对坐标系重合的新坐标系。

(11)当前视图的 CSYS

用当前视图来创建一个坐标系。当前视图的平面即为 $XC - YC$ 平面。说明:"CSYS"对话框中的一些选项与"基准 CSYS"对话框中的相同,此处不再赘述。

5.3　组件的装配约束

装配约束用于在装配中定位组件,可以指定一个部件相对于装配体中另一个部件(或特征)的放置方式和位置。例如,可以指定一个螺栓的圆柱面与一个螺母的内圆柱面共轴。UG NX 10.0 中装配约束的类型包括接触、对齐和自动判断中心/轴等。每个组件都有唯一的装配约束,这个装配约束由一个或多个约束组成。每个约束都会限制组件在装配体中的一个或几个自由度,从而确定组件的位置。用户可以在添加组件的过程中添加装配约束,也可以在添加完成后添加约束。如果组件的自由度被全部限制,可称为完全约束;如果组件的自由度没有被全部限制,则称为欠约束。

5.3.1　装配约束对话框

在 UG NX 10.0 中,装配约束是通过"装配约束"对话框中的操作来实现的,下面对"装配约束"对话框进行介绍。

选择下拉菜单"装配→组件位置→装配约束"命令,系统弹出图 5.8 所示的"装配约束"对话框。

图 5.8　"装配约束"对话框

"装配约束"对话框中主要包括三个区域:"类型"区域、"要约束的几何体"区域和"设置"区域,如图 5.9 所示。

图 5.9 所示的"装配约束"对话框的"类型"下拉列表中各选项的说明如下:

1. 接触对齐

该约束用于两个组件,使其彼此接触或对齐。当选择该选项后,"要约束的几何体"区域的"方位"下拉列表中出现四个选项:

图 5.9　"装配约束"选项框

（1）首选接触

若选择该选项，则当接触和对齐解都可能时显示接触约束（在大多数模型中，接触约束比对齐约束更常用）；当接触约束过度约束装配时，将显示对齐约束。

（2）接触

若选择该选项，则约束对象的曲面法向在相反方向上。

（3）对齐

若选择该选项，则约束对象的曲面法向在相同方向上。

（4）自动判断中心/轴

该选项主要用于定义两圆柱面、两圆锥面或圆柱面与圆锥面同轴约束。

2. 同心

该约束用于定义两个组件的圆形边界或椭圆边界的中心重合，并使边界的面共面。

3. 距离

该约束用于设定两个接触对象间的最小 3D 距离。选择该选项，并选定接触对象后，"距离"区域的"距离"文本框被激活，可以直接输入数值。

4. 固定

该约束用于将组件固定在其当前位置，一般用在第一个装配元件上。

5. 平行

该约束用于使两个目标对象的矢量方向平行。

6. 垂直

该约束用于使两个目标对象的矢量方向垂直。

7. 对齐/锁定

该约束用于使两个目标对象的边线或轴线重合。

8. 等尺寸配对

该约束用于定义将半径相等的两个圆柱面拟合在一起。此约束对确定孔中销或螺栓的位置很有用。如果以后半径变为不等,则该约束无效。

9. 胶合

该约束用于将组件"焊接"在一起。

10. 中心

该约束用于使一对对象之间的一个或两个对象居中,或使一对对象沿另一个对象居中。当选取该选项时,"要约束的几何体"区域的"子类型"下拉列表中出现 3 个选项。

(1)1 对 2:该选项用于定义在后两个所选对象之间使第一个所选对象居中。

(2)2 对 1:该选项用于定义将两个所选对象沿第三个所选对象居中。

(3)2 对 2:被选项用于定义将两个所选对象在两个其他所选对象之间居中。

11. 角度

该约束用于约束两对象间的旋转角。选取角度约束后,"要约束的几何体"区域的"子类型"下拉列表中出现两个选项。

(1)该选项用于约束需要"源"几何体和"目标"几何体。不指定旋转轴,可以任意选择满足指定几何体之间角度的位置。

(2)方向角度:该选项用于约束需要"源"几何体和"目标"几何体,还特别需要一个定义旋转轴的预先约束,否则创建定位角约束矢败。为此,希望尽可能创建 3D 角度约束,而不创建方向角度约束。

5.3.2　接触对齐约束

"接触"约束可使两个装配部件中的两个平面重合并且朝向相反,如图 5.10 所示。"接触约束"也可以使其他对象配对,如直线与直线接触,如图 5.11 所示。

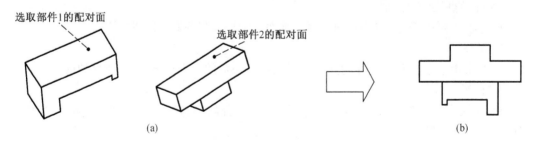

(a)   (b)

图 5.10　面与面接触

(a)配对前;(b)配对后

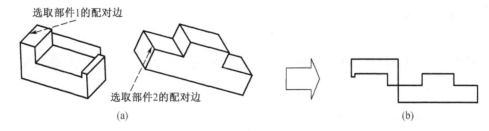

图 5.11　直线与直线接触

(a)配对前;(b)配对后

"对齐"约束可使两个装配部件中的两个平面(见图 5.12)重合并且直向相同方向,如图 5.12 所示;同样,"对齐"约束也可以使其他对象对齐。

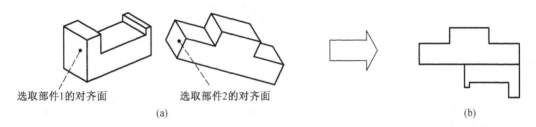

图 5.12　"对齐"约束

(a)对齐前;(b)对齐后

注意:

(1)使用"接触"和"对齐"时,两个参照必须为同一类型(例如平面对平面、点对点)。

(2)当选择了圆的边用于"接触"或"对齐"约束时,系统会选中该圆的轴。如果不希望发生此行为,应当选择面而不是边。

"自动判断中心/轴"约束可使两个装配部件中的两个旋转面的轴线重合。

注意:两个旋转曲面的直径不要求相等。当轴线选取无效或不方便选取时,可以用这个约束,如图 5.13 所示。

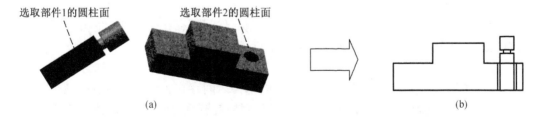

图 5.13　"自动判断中心/轴"约束

(a)"中心"约束前;(b)"中心"约束后

5.3.3 距离约束

"距离"约束可使两个装配部件中的两个平面保持一定的距离,可以直接输入距离值,如图 5.14 所示。

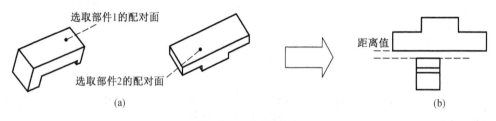

选取部件1的配对面

选取部件2的配对面

(a)

距离值

(b)

图 5.14 "距离"约束

(a)"距离"约束前;(b)"距离"约束后

5.3.4 固定约束

"固定"约束是将部件固定在图形窗口的当前位置。向装配环境中引入第一个部件时,常常对该部件添加"固定"约束。

5.4 装配部件添加

5.4.1 概述

装配的过程实际上就是在部件之间建立起相互约束的关系。由于采用的是一个数据库,所以在装配过程中的部件同原来部件之间的关系是既可以被引用,也可以被复制。模型装配主要有两种形式。

1. 多组装配

将所需部件复制到装配文件中,原部件和复制部件间不存在关联性。它复制了人量已有数据,并占有大量的内存空间,因此速度将不可避免地降低。

2. 虚拟装配

这种装配的方式通过使用指针来引用实体,部件之间存在关联性。当进行某个零部件的修改时,装配体也将发生相应的改变。由于采用指针管理,所以所需的内存占有量大大地降低,而且在引用的过程中,对于不进行编辑加工的零部件,系统要进行统一的显示。

一般来说,一个大的装配体可以看成由多个相对较小的装配体构成,而这些小的装配体由零部件构成。在进行装配的过程中,往往先建立小的装配体,然后再对这些小的装配体进行关系约束。这些小的装配体称为子装配体。

5.4.2　添加部件

1. 新建文件

单击"新建文件"按钮,在系统弹出的"新建"对话框中选择"装配"模板,在"名称"文本框中输入 assemblage,单击"确定"按钮。系统弹出图 5.15 所示的"添加组件"对话框。

图 5.15　"添加组件"对话框

2. 添加第一个部件

在"添加组件"对话框中单击"文件夹位置"按钮,选择存储位置。然后单击"确定"按钮。

（1）定义放置定位

在"添加组件"对话框"放置"区域的"定位"下拉列表中选取"绝对原点"选项,单击"应用"按钮。

（2）添加成功

在"添加组件"对话框中,系统提供了两种添加方式:一种方式是选择没有载入 UG NX

系统中的文件,由用户从硬盘中选择;另一种方式是选择载入的部件,在对话框中列出了所有已载入的部件,可以直接选取。

下面将对"添加组件"对话框中的各选项进行说明:

(1)"部件"区域

用于从硬盘中选取部件或选取已经加载的部件。

①已加载的部件

此文本框中的部件是已经加载到此软件中的部件。

②最近访问的部件

此文本框中的部件是在装配模式下最近打开过的部件。

③打开

单击"打开"按钮,可以从硬盘中选取要装配的部件。

④重复

是指把同一部件多次装配到装配体中。

⑤数量

在此文本框中输入重复装配部件的个数。

(2)"放置"区域

该区域中包含一个下拉列表,通过此下拉列表可以指定部件在装配体中的位置。

①绝对原点

是指在绝对坐标系下对载入部件进行定位,如果需要添加约束,可以在添加组件完成后设定。

②选择原点

是指在坐标系中给出一定点位置对部件进行定位。

③通过约束

是指把添加组件和添加约束放在一个命令中进行,选择该选项并单击"确定"后,系统弹出"装配约束"对话框,完成装配约束的定义。

④移动

是指重新指定载入部件的位置。

(3)复制

可以将选取的部件在装配体中创建重复和组件阵列。

(4)设置

此区域是设置部件的名称、引用集和图层选项。

①"名称"文本框

在文本框中可以更改部件的名称。

②"图层选项"下拉列表

该下拉列表中包含"原始的""工作的"和"按指定的"三个选项,"原始的"是指将新部件放到设计时所在的层;"工作的"是将新部件放到当前工作层;"按指定的"是指将载入部件放入指定的层中,选择"按指定的"选项后,其下方的"图层"文本框被激活,可以输入层名。

(5)"预览"复选框

选中此复选框,单击"应用"按钮后系统会自动弹出选中部件的预览对话框。

5.4.3　引用集

装配的引用集是装配组件中的一个命名的对象集合。利用引用集,在装配中可以只显示某一组件中指定引用集的那部分对象,而其他对象不显示在装配模型中。

在进行装配的过程中,每个部件所包含的信息都非常复杂。如果要在装配中显示所有部件的信息,毫无疑问,整个图形窗口将变得非常混乱,而且很多不必要的信息也会造成内存的浪费,降低运行的速度。引用集是解决这个问题的工具,它可以将部分几何对象编制成组,以后只要调用它就可以。

建立的引用集属于当前的工作部件。选择"菜单→格式→引用集"命令,弹出如图 5.16 所示的"引用集"对话框。

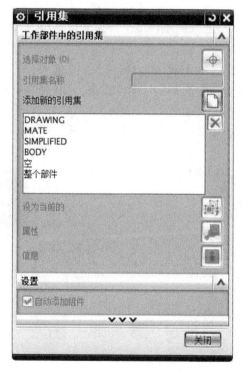

图 5.16　"引用集"对话框

在这个对话框中,可以对引用集进行创建、删除、重命名、编辑属性和信息查找操作,还可以对引用集的内容进行添加和删除设置。

在"引用集"对话框中,系统提供了三个默认的引用集,下面着重介绍"空"和"整体部件"引用集。

1. 空

这个引用集不包括任何的几何对象,所以在进行装配时看不到它所定义的部件,这样可以提高速度。

2. 整体部件

引用集的全部几何数据。在默认的情况下,系统选用这个类型的引用集。

单击"引用集"对话框中的按钮,在"引用集名称"文本框中输入引用集名称,在图形窗口选择要添加的几何对象,单击"确定"按钮,建立引用集。此时引用集的坐标系方向和原点都是当前工作坐标系的方向和原点。

5.5　编辑装配体中的部件

装配体完成后,可以对该装配体中的任何部件(包括零件和子装配件)进行特征建模、修改尺寸等编辑操作。下面介绍编辑装配体中部件的一般操作过程。

1. 定义工作部件

双击图 5.17 所示的组件,将该组件设为工作部件,装配体中的非工作部件将变为浅白色,此时可以对工作部件进行编辑。

2. 选择命令

选择"启动→建模"命令,进入建模环境。选择下拉菜单"插入→设计特征→孔"命令。

3. 定义编辑参数

在"孔"对话框的"类型"下拉列表中选择"常规孔"选项,在"方向"区域的"孔方向"下拉列表中选择"沿矢量"选项,再选择"ZC 轴"选项,直径值 10.0,深度值 50.0,顶锥角值118.0,位置为部件中心,创建结果如图 5.18 所示。

4. 双击装配导航器中装配体"compile",激活装配体。

双击此组件

图 5.17　设置工作部件

图 5.18　添加特征

5.6　爆　炸　图

5.6.1　概述

爆炸图命令显示装配内部的零件,其中包括创建爆炸图、恢复部件、删除爆炸图和显示爆炸图等选项。利用创建爆炸图选项可构建一个用户所需的爆炸图,并且可以通过编辑爆炸图、恢复部件和删除爆炸图等选项对爆炸图进行编辑,再以隐藏爆炸图和显示爆炸图切换不同的爆炸图。

从爆炸图可以看到,原来组装在一起的零部件已经分成单独的零件了,但是它们的装配关系保持不变。爆炸图和用户建立的视图一样,一旦建立了,就可以作为单独的图形文件进行处理。

爆炸图仍然遵循 UG 的单一数据库的规范,所以其操作仍然带有关联性,用户可以对爆炸图中的任意组件或是零件进行加工,它们都是直接反映到原来的装配图中并且发生相应变化。但是,用户不能够装配部件中的实体,而且不能在当前模型中对爆炸图进行导入或是导出等操作。

单击"装配"菜单中的"爆炸图"选项,打开爆炸图菜单,也可以使用爆炸图的组。爆炸图操作主要包括建立、编辑、不爆炸、删除、隐藏和显示操作。另外,用户还可以对组件等进行控制。

5.6.2　"爆炸图"工具条

选择下拉菜单"装配→爆炸图(X)→显示工具条(T)"命令,系统显示"爆炸图"工具条,如图 5.19 所示。工具条中没有显示的按钮,可以通过以下方法调出:单击右上角的"工具条选项"按钮,在其下方弹出"添加或移除按钮"按钮,将鼠标放到该按钮上,会显示添加项,其中包含了所有供用户选择的按钮。

图 5.19　"爆炸图"工具条

利用该工具条,用户可以方便地创建、编辑爆炸图,便于在爆炸图与无爆炸图之间切换。

图 5.19 所示的"爆炸图"工具条中的按钮功能如下:

1. 新建爆炸图

该按钮用于创建爆炸图。如果当前显示的不是一个爆炸图,单击此按钮,系统弹出"创建爆炸图"对话框,输入爆炸图名称后单击"确定"按钮,系统创建一个爆炸图;如果当前显示的是一个爆炸图,单击此按钮,弹出的"创建爆炸图"对话框会询问是否将当前爆炸图复制到新的爆炸图里。

2. 编辑爆炸图

该按钮用于编辑爆炸图中组件的位置。单击此按钮,系统弹出"编辑爆炸图"对话框,用户可以指定组件,然后自由移动该组件,或者设定移动的方式和距离。

3. 自动爆炸组件

该按钮用于自动爆炸组件。利用此按钮可以指定一个或多个组件,使其按照设定的距离自动爆炸。单击此按钮,系统弹出"类选择"对话框,选择组件后单击"确定"按钮,提示用户指定组件间距,自动爆炸将按照默认的方向和设定的距离生成爆炸图。

4. 取消爆炸组件

该按钮用于不爆炸组件。此命令和自动爆炸组件刚好相反,操作也基本相同,只是不需要指定数值。

5. 删除爆炸图

该按钮用于删除爆炸图。单击该按钮，系统会列出当前装配体的所有爆炸图，选择需要删除的爆炸图后单击"确定"按钮，即可删除。

6. 工作视图爆炸

该下拉列表显示了爆炸图名称，可以在其中选择某个名称。用户利用此下拉列表，可以方便地在各爆炸图与无爆炸图状态之间切换。

7. 隐藏视图中的组件

该按钮用于隐藏组件。单击此按钮，系统弹出"类选择"对话框，选择需要隐藏的组件并执行后，该组件被隐藏。

8. 显示视图中的组件

该按钮用于显示组件，此命令与隐藏组件刚好相反。如果图中有被隐藏的组件，单击此按钮后，系统会列出所有隐藏的组件，用户选择后，单击"确定"按钮即可恢复组件显示。

9. 追踪线

该按钮用于创建跟踪线，该命令可以使组件沿着设定的引导线爆炸。

以上按钮与下拉菜单"装配(A)→爆炸图(X)"中的命令分别对应。

5.6.3　创建爆炸图

选择"菜单(M)→装配(A)→爆炸图(X)→新建爆炸图(N)"，打开如图 5.20 所示的"新建爆炸图"对话框。在该对话框中输入爆炸图名称，或接受默认名称，单击按钮，创建爆炸图。

图 5.20　"新建爆炸图"对话框

5.6.4　爆炸组件

新创建了一个爆炸图后视图并没有发生什么变化，接下来就必须使组件炸开。可以使用自动爆炸方式完成爆炸图，即基于组件配对条件沿表面的正交方向自动爆炸组件。

选择"菜单(M)→装配(A)→爆炸图(X)→自动爆炸组件(A)"，打开"类选择"对话框，单击"全选"图标，选中所有的组件，就可对整个装配进行爆炸图的创建，若利用鼠标选择，则连续地选中任意多个组件即可实现对这些组件的炸开。完成组件的选择后，单击"确定"按钮，打开如图 5.21 所示的"自动爆炸组件"对话框。该对话框用于指定自动爆炸参数。

距离：用于设置自动爆炸组件之间的距离。距离值可正可负。

图 5.21　"自动爆炸组件"对话框

自动爆炸只能爆炸具有配对条件的组件,对于没有配对条件的组件,需要使用手动编辑的方式。

5.6.5　编辑爆炸图

如果没有得到理想的爆炸效果,通常还需要对爆炸图进行编辑。

(1)编辑爆炸图选择"菜单(M)→装配(A)→爆炸图(X)→编辑爆炸图(E)",打开如图 5.22 所示的"编辑爆炸图"对话框。在视图区选择需要进行调整的组件,然后在"编辑爆炸图"对话框中选中"移动对象"单选按钮,在视图区选择一个坐标方向,"距离""捕捉增量"和"方向"选项被激活。在该对话框中输入所选组件的偏移距离和方向后,单击"确定"或"应用"按钮,即可完成该组件位置的调整。

(2)组件不爆炸选择"菜单(M)→装配(A)→爆炸图(X)→取消爆炸组件(U)",打开"类选择"对话框,在视图区选择不进行爆炸的组件,单击"确定"按钮,即可使已爆炸的组件恢复到原来的位置。

(3)删除爆炸图选择"菜单(M)→装配(A)→爆炸图(X)→删除爆炸图(D)",打开如图 5.23 所示的"爆炸图"对话框,在该对话框中选择要删除的爆炸图名称,单击"确定"按钮,即可删除所选爆炸图。

(4)隐藏爆炸选择"菜单(M)→装配(A)→爆炸图(X)→隐藏爆炸图(H)",则将当前爆炸图隐藏起来,使视图区中的组件恢复到爆炸前的状态。

(5)显示爆炸选择"菜单(M)→装配(A)→爆炸图(X)→显示爆炸图(S)",则将已建立的爆炸图显示在视图区。

图 5.22　"编辑爆炸图"对话框

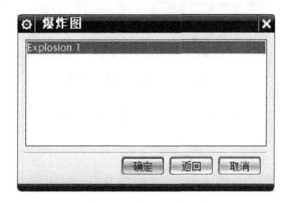

图 5.23　"爆炸图"对话框

5.7　简 化 装 配

1. 选择命令

选择下拉菜单"装配→高级（E）→简化装配（M）"命令,系统弹出"简化装配"对话框；单击"下一步"按钮,系统弹出图 5.24 所示的"简化装配"对话框（一）,对话框的左侧显示操作步骤,右侧有三个单选项和两个复选框,供用户设置简化项。

取装配体中的所有组件,单击"下一步"按钮,系统弹出"简化装配"对话框（二）。

2. 合并组件

单击"简化装配"对话框中的"全部合并"按钮；选择所有组件；单击"下一步"按钮,轴和垫片合并在一起,可以看到两平面的交线消失。

3. 单击"下一步"按钮,选择外部面（用户也可以选择除要填充的内部细节之外的任何一个面）。

4. 单击下一步按钮

选择边缘（通过选择一边缘将内部细节与外部细节隔离开）。

图 5.24　"简化装配"对话框(一)

5. 选择裂纹检查选项

单击"下一步"按钮,选中"裂隙检查"单选项。

单击"下一步"按钮,选择圆柱体内部面后选择要删除的内部细节。

6. 查看裂纹检查结果

单击"下一步"按钮,可以通过选择"高亮显示"选项组中的"内部面"单选项,查看在主对话框中的隔离情况。

单击"下一步"按钮,查看外部面。再单击"下一步"按钮,孔特征被移除。

7. 完成操作

单击"完成"按钮,完成操作。

关于内部细节与外部细节的说明:

内部细节与外部细节是用户根据需要确定的,不是由对象在集合体中的位置确定的。读者在本例中可以尝试将孔设为外部面,将轴的外表面设为内部面,结果会将轴和垫片移除,留下孔特征形成的圆柱体。

第6章 工程图设计

6.1 工程图概述

在 UG NX 10.0 中可以运用"制图"模块,在建模基础上生成平面工程图。由于建立的平面工程图是由三维实体核型投影得到的,因此平面工程图与三维实体完全相关。实体模型的尺号、形状及位置的任何改变都会引起平面工程图的相应更新,更新过程可由用户控制。

工程图一般可实现如下功能:

(1)对于任何一个三维模型,可以根据不同的需要,使用不同的投影方法、不同的图幅尺寸及不同的视图比例建立模型视图、局部放大视图、剖视图等各种视图,各种视图能自动对齐,完全相关的各种剖视图能自动生成剖面线并控制隐藏线的显示。

(2)可半自动对平面工程图进行各种标注,且标注对象与基于它们所创建的视图对象相关,当模型和视图对象发生变化时,各种相关的标注都会自动更新。标注的建立与编辑方式基本相同,其过程也是即时反馈的,使得标注更容易和有效。

(3)可在工程图中加入文字说明、标题栏、明细栏等注释。提供了多种绘图模板,也可自定义模板,使标号参数的设置更容易、方便和有效。

(4)可用打印机或绘图仪输出工程图。

(5)拥有更直观和容易使用的图形用户接口,使得图纸的建立更加容易和快捷。单击"主页"选项卡"标准"面组上的"新建"按钮,打开如图 6.1 所示的"新建"对话框。在该对话框中打开"图纸"选项卡,可选择适当的图纸并输入名称,也可以导入要创建图纸的部件。单击"确定"按钮进入工程图环境。

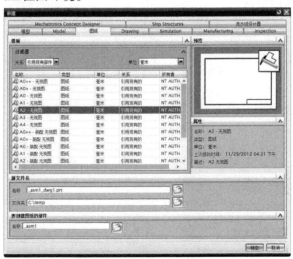

图6.1 "新建"对话框

6.2　工程图参数设置

工程图参数用于设置在制作过程中工程图的默认设置情况,如箭头的大小、线条的粗细、隐藏线的显示与否、标注的字体和大小等。UG NX 10.0 安装完成以后,使用的是通用制图标准,其中很多选项是不符合我国国标的,因此需要用户自己设置符合国标的工程图尺寸,以方便使用。

选择"菜单(M)→首选项(P)→制图(D)",打开如图 6.2 所示的"制图首选项"对话框。

图 6.2　"制图首选项"对话框

1.注释预设置

在"制图首选项"对话框中选择"注释",打开如图 6.3 所示的"注释"选项卡。

(1)GDT

①格式

设置所有形位公差符号的颜色、线型和宽度。

②应用到全部注释

单击此按钮,将颜色、线型和线宽应用到所有制图注释。该操作不影响制图尺寸的颜色、线型和线宽。

(2)符号标注

①格式

设置符号标注符号的颜色、线型和宽度。

图6.3 "注释"选项卡

②直径

以毫米或英寸为单位设置符号标注符号的大小。

(3)焊接符号

①间距因子

设置焊接的符号不同时组成部分之间的间距默认值。

②符号大小因子

控制焊接符号中的符号大小。

③焊接线间隙

控制焊接线和焊接符号之间的距离。

(4)剖面线/区域填充

①剖面线

a.断面线定义:显示当前剖面线文件的名称。

b.图样:从派生自剖面线文件的图样列表设置剖面线图样。

c.距离:控制剖面线之间的距离。

d.角度:控制剖面线的倾斜角度。从正的 XC 轴到主剖面线沿逆时针方向测量角度。

②区域填充

a.图样:设置区域填充图样。

b.角度:控制区域填充图样的旋转角度。该角度是从平行于图样底部的一条直线开始沿逆时针方向测量。

c.比例:控制区域填充图样的比例。

③格式

a. 颜色:设置剖面线颜色和区域填充图样。

b. 宽度:设置剖面线和区域填充中曲线的线宽。

④边界曲线

a. 公差:用于控制 NX 沿着曲线逼近剖面线或区域填充边界的紧密程度。

b. 查找表现相交:表现相交和表观成链是基于视图方位看似存在的相交曲线和链,但实际上不存在于几何体中。

⑤岛

a. 边距:设置剖面线或区域填充样式中排除文本周围的边距。

b. 自动排除注释:勾选此复选框,将设置剖面线对话框和区域填充对话框中的自动排除注释选项。

(5)中心线

①颜色:设置所有中心线符号的颜色。

②宽度:设置所有中心线符号的线宽。

2. 视图预设置

在"制图首选项"对话框中选择"视图",打开如图6.4所示的"视图"选项卡。

图6.4　"视图"选项卡

(1)公共

①隐藏线:用于设置在视图中隐藏线所显示方法。其中有详细的选项可以控制隐藏线的显示类别、显示线型、粗细等。

②可见线:用于设置可见线的颜色、线型和粗细。

③光顺边:用于设置光顺边是否显示以及光顺边显示的颜色、线型和粗细,还可以设置光顺边距离边缘的距离。

④虚拟交线:用于设置虚拟交线是否显示及虚拟交线显示的颜色、线型和粗细。还可以设置理论交线距离边缘的距离。

⑤常规:用于设置视图的最大轮廓线、参考、UV 栅格等细节选项。

⑥螺纹:用于设置螺纹表示的标准。

⑦PMI:用于设置视图是否继承在制图平面中的形位公差。

(2)截面设置

①格式

a. 显示背景:用于显示剖视图的背景曲线。

b. 显示前景:用于显示剖视图的前景曲线。

c. 剖切片体:用于在剖视图中剖切片体。

d. 显示折弯线:在阶梯剖视图中显示剖切折弯线。仅当剖切穿过实体材料时才会显示折弯线。

②剖面线

a. 创建剖面线:控制是否在给定的剖视图中生成关联剖面线。

b. 处理隐藏的剖面线:控制剖视图的剖面线是否参与隐藏线处理。此选项主要用于局部剖视图和轴测剖视图,以及任何包含非剖切组件的剖视图。

c. 显示装配剖面线:控制装配剖视图中相邻实体的剖面线角度。设置此选项后,相邻实体间的剖面线角度会有所不同。

d. 将剖面线限制为 +/−45°:强制装配剖视图中相邻实体的剖面线角度仅设置为 45°和 135°。

e. 剖面线相邻公差:控制装配剖视图中相邻实体的剖面线角度。

(3)截面线

①用于设置阴影线的显示类别,包括背景、剖面线、断面线等。

②截面线用于设置剖切线的详细参数。

第7章 模型的测量和分析

7.1 模型的测量

7.1.1 测量距离

(1)选择下拉菜单"分析(L)→测量距离(D)"命令,系统弹出图7.1所示的"测量距离"对话框。

图7.1 "测量距离"对话框

图7.1所示的"测量距离"对话框中"类型"下拉列表中部分选项说明如下:
①"距离"选项:可以测量点、线、面之间的任意距离。
②"投影距离"选项:可以测量空间上的点、线在同一个面上投影之间的距离。
③"屏幕距离"选项:可以测量图形区的任意位置距离。
④"长度"选项:可以测量任意线段的长度。
⑤"半径"选项:可以测量任意圆的半径值。
⑥"点在曲线上"选项:用于测量曲线上两点之间的最短距离。

（2）测量面到面的距离。

①定义测量类型。

在"测量距离"对话框的"类型"下拉列表中选择"距离"选项。

②定义测量距离。

在"测量距离"对话框测量"区域的距离"下拉列表中选取"最小值"选项。

③定义测量对象。

分别选取两块测量表面并测量。

④单击"应用"按钮，完成面到面的距离测量。

测量线到线的距离，先选取一侧边线，后选取另一侧边线。

测量点到线的距离，先选取中点，后选取边线。

（3）测量点到点的距离。

①定义测量类型。

在"测量距离"对话框的"类型"下拉列表中选择"距离"选项。

②定义测量距离。

在"测量距离"对话框"测量"区域的"距离"下拉列表中选取"目标点"选项。

③定义测量几何对象。

分别选取模型表面的点 1、点 2，并测量。

④单击"应用"按钮，完成测量点到点的距离。

a. 测量线到线的距离，先选取一侧边线，后选取另一侧边线。

b. 测量点到线的距离，先选取中点，后选取边线。

（4）测量点到面的距离。

①定义测量类型。

在"测量距离"对话框的"类型"下拉列表中选择"投影距离"选项。

②定义测量距离。

在"测量距离"对话框"测量"区域的"距离"下拉列表中选取"最小值"选项。

③定义投影矢量。

在"测量距离"对话框的"指定矢量"下拉列表中选择"垂直 YC"选项。

④定义测量几何对象。

分别选取模型中的模型点 1、模型点 2，并进行测量。

⑤单击"确定"按钮，完成点与点的投影距离测量。

7.1.2　测量角度

（1）选择下拉菜单"分析→测量角度（A）"命令，系统弹出图 7.2 所示的"测量角度"对话框。

（2）测量面与面间的角度。

①定义测量类型。

在"测量角度"对话框的"类型"下拉列表中选择"对象"选项。

图7.2　"测量角度"对话框

②定义测量计算平面。

选取"测量区域评估平面"下拉列表中的"3D角"选项,选取下拉列表中的"内角"选项。

③定义测量几何对象。

分别选取模型表面1和模型表面2,并进行测量。

④单击"应用"按钮,完成面与面之间的角度测量。

(3)测量线与面间的角度。

步骤参见测量面与面间的角度。依次选取模型的边线1、表面2,并进行测量。

注意:选取线的位置不同,即线上标示的箭头方向不同,所显示的角度值可能也会不同,两个方向的角度值之和为180°。

(4)测量线与线间的角度。

步骤参见测量面与面间的角度。依次选取模型的边线1、边线2,完成角度测量。

7.1.3　测量面积及周长

(1)选择下拉菜单"分析(L)→测量面(F)"命令,系统弹出"测量面"对话框。

(2)在"选择条"工具条的下拉列表中选择"单个面"选项。

(3)测量模型表面面积。选取模型表面,系统会显示这个曲面的面积结果。

(4)测量曲面的周长。选择"面积"下拉列表中的"周长",测量周长。

7.1.4　测量最小半径

（1）选择下拉菜单"分析（L）→最小半径（R）"命令，系统弹出图 7.3 所示的"最小半径"对话框，选中"在最小半径处创建点"复选框。

图 7.3　"最小半径"对话框

（2）测量曲面的最小半径。

①连续选取图形的模型表面。

②单击"确定"按钮，选择曲面的最小半径位置，半径值在"信息"窗口中显示。

③单击"取消"按钮，完成最小半径测量。

7.2　模型的分析

7.2.1　模型的质量属性分析

通过模型质量属性分析，可以获得模型的体积、曲面区域、质量、旋转半径质量等数据。

（1）选择下拉菜单"分析（L）→测量体（B）"命令，系统弹出"测量体"对话框。

（2）选取模型实体，系统弹出模型上的"体积"下拉列表。

（3）选择"体积"下拉列表中的"表面积"选项，系统显示该模型的表面积。

（4）选择"体积"下拉列表中的"质量"选项，系统显示该模型的质量。

（5）选择"体积"下拉列表中的"回转半径"选项，系统显示该模型的回转半径。

（6）单击"确定"按钮，完成模型质量属性分析。

7.2.2　模型的偏差分析

通过模型的偏差分析，可以检查所选的对象是否相接、相切，以及边界是否对齐等，并得到所选对象的距离偏移值和角度偏移值。下面以一个模型为例，简要说明其操作过程。

（1）选择下拉菜单"分析（L）→偏差（V）→检查（C）"命令，系统弹出图 7.4 所示的"偏差检查"对话框。

（2）检查曲线至曲线的偏差。

①在该对话框的"偏差检查类型"下拉列表中选取"曲线到曲线"选项，在"设置"区域的"偏差选项"下拉列表中选择"所有偏差"选项。

②依次选取曲线1、曲线2。

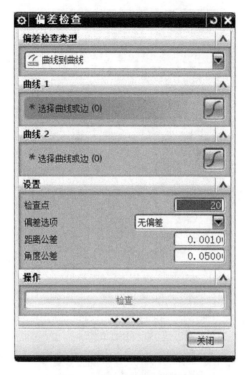

图 7.4　"偏差检查"对话框

③在对话框中单击"检查"按钮,系统弹出"信息"窗口,在弹出的"信息"窗口中会列出指定的信息,包括分析点的个数、两个对象的最小距离误差、最大距离误差、平均距离误差、最小角度误差、最大角度误差、平均角度误差及各检查点的数据。完成曲线至曲线的偏差检查。

④检查曲线至面的偏差。根据经过点斜率的连续性,检查曲线是否真的位于模型表面上。在"类型"下拉列表中选取"曲线到面"选项,操作方法参见检查曲线至曲线的偏差。

⑤对于边到面偏差、面至面偏差、边缘至边缘偏差的检测,操作方法参见检查曲线至曲线的偏差。

7.2.3　模型的几何对象检查

"检查几何体"工具可以分析各种类型的几何对象,找出错误的或无效的几何体;也可以分析面和边等几何对象,找出其中无用的几何对象和错误的数据结构。

(1)选择下拉菜单"分析(L)→检查几何体(X)"命令,系统弹出图 7.5 所示的"检查几何体"对话框。

(2)定义检查项。单击"全部设置"按钮,在图形区选取面和实体。然后单击"检查几何体"对话框"操作"区域中的"检查几何体"按钮。

(3)单击"信息"按钮,系统弹出"信息"窗口,可在"信息"窗口中查看检查结果。

图7.5 "检查几何体"对话框

第8章 飞机造型综合实例

8.1 机　身

本章绘制的飞机模型如图8.1所示。

图8.1　飞机模型

1. 创建新文件

选择"菜单→文件→新建"命令或单击"快速访问"工具栏中的"新建"按钮,打开"新建"对话框。

在模板列表中选择"模型",输入名称为 feiji,单击"确定"按钮,进入建模环境。

2. 创建点

选择"菜单→插入→基准/点→点"命令,或单击"主页"选项卡"特征"面组上的"点"按钮,打开如图8.2所示的"点"对话框。分别创建如表8.1所示的各点。

3. 绘制样条曲线

(1)选择"菜单→插入→曲线→艺术样条"命令或单击"曲线"选项卡"曲线"面组上的"艺术样条"按钮,打开如图8.3所示的"艺术样条"对话框。

图8.2　"点"对话框

表 8.1　样条 1 坐标点

点	坐标	点	坐标
点 1	0,0,0	点 2	0, -131, -20
点 3	78, -103, -20	点 4	118, -30, -20
点 5	104,52, -20	点 6	44,109, -20
点 7	-44,109, -20	点 8	-104,52, -20
点 9	-118, -30, -20	点 10	-78, -103, -20

（2）选择"通过点"类型，勾选"封闭"复选框，在"选择条"工具栏中选择"现有点"类型。

（3）在屏幕中依次选择点 2 至点 10 各点，单击"确定"按钮，生成如图 8.4 所示的样条曲线 1。

图 8.3　"艺术样条"对话框

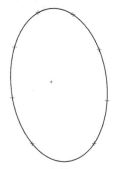

图 8.4　样条曲线 1

（4）同上述步骤创建样条 2，样条 3，……，样条 19，各样条点分别如表 8.2 至表 8.20 所示。

表 8.2　样条 2 坐标点

点	坐标	点	坐标
点 1	0, -275, -100	点 2	180,213, -100
点 3	271, -47, -100	点 4	236,140, -100
点 5	94,266, -100	点 6	-94,266, -100
点 7	-236,140, -100	点 8	-271, -47, -100
点 9	-180, -213, -100		

表 8.3　样条 3 坐标点

点	坐标	点	坐标
点 1	0，-462，-300	点 2	313，-343，-300
点 3	489，-58，-300	点 4	436，273，-300
点 5	167，475，-300	点 6	-167，475，-300
点 7	-436，273，-300	点 8	-489，-58，-300
点 9	-313，-343，-300		

表 8.4　样条 4 坐标点

点	坐标	点	坐标
点 1	0，-612，-600	点 2	453，-450，-600
点 3	708，-43，-600	点 4	644，434，-600
点 5	241，701，-600	点 6	-241，701，-600
点 7	-644，434，-600	点 8	-708，-43，-600
点 9	-453，-450，-600		

表 8.5　样条 5 坐标点

点	坐标	点	坐标
点 1	0，-698，-850	点 2	548，-513，-850
点 3	851，-23，-850	点 4	782，551，-850
点 5	290，859，-850	点 6	-290，859，-850
点 7	-782，551-850	点 8	-851，-23，-850
点 9	-548，-513，-850		

表 8.6　样条 6 坐标点

点	坐标	点	坐标
点 1	0，-768，-1 110	点 2	637，-565，-1 110
点 3	985，1，-1 110	点 4	905，663，-1 110
点 5	337，1 013，-1 110	点 6	-337，1 013，-1 110
点 7	-905，663，-1 110	点 8	-985，1，-1 110
点 9	-637，-565，-1 110		

表 8.7　样条 7 坐标点

点	坐标	点	坐标
点 1	0, −832, −1 410	点 2	743, −597, −1 410
点 3	1 131,75, −1 410	点 4	1 021,848, −1 410
点 5	391,1 305, −1 410	点 6	−391,1 305, −1 410
点 7	−1 021,848, −1 410	点 8	−1 131,75, −1 410
点 9	743, −597, −1 410		

表 8.8　样条 8 坐标点

点	坐标	点	坐标
点 1	0, −883, −1 710	点 2	840, −611, −1 710
点 3	1 262,161, −1 710	点 4	1 112,1 034, −1 710
点 5	440,1 605, −1 710	点 6	−440,1 605, −1 710
点 7	−1 112,1 034, −1 710	点 8	−1 262,161, −1 710
点 9	−840, −611, −1 710	点 10	

表 8.9　样条 9 坐标点

点	坐标	点	坐标
点 1	0, −951,2 210	点 2	957, −628, −2 210
点 3	1 433,260, −2 210	点 4	1 245,1 256, −2 210
点 5	501,1 936, −2 210	点 6	−501,1 936, −2 210
点 7	−1 245,1 256, −2 210	点 8	−1 433,260,2 210
点 9	−957, −628, −2 210	点 10	

表 8.10　样条 10 坐标点

点	坐标	点	坐标
点 1	0, −1 033, −3 210	点 2	1 101, −634, −3 210
点 3	1 655,398, −3 210	点 4	1 451,1 555, −3 210
点 5	583,2 340, −3 210	点 6	−583,2 340, −3 210
点 7	−1 451,1 555, −3 210	点 8	−1 655,398, −3 210
点 9	−1 101, −634, −3 210	点 10	

表 8.11　样条 11 坐标点

点	坐标	点	坐标
点 1	0, − 1 067, − 4 710	点 2	1 204, − 607, − 4 710
点 3	1 804,541, − 4 710	点 4	1 617,1 824, − 4 710
点 5	643,2 671, − 4 710	点 6	− 643,2 671, − 4 710
点 7	− 1 617,1 824, − 4 710	点 8	− 1 804,541, − 4 710
点 9	− 1 204, − 607, − 4 710		

表 8.12　样条 12 坐标点

点	坐标	点	坐标
点 1	0,1 065, − 7 100	点 2	1 364, − 464, − 7 100
点 3	1 884,944, − 7 100	点 4	1 372,2 352, − 7 100
点 5	0,2 948, − 7 100	点 6	− 1 372,2 352, − 7 100
点 7	− 1 884,944, − 7 100	点 8	1 364, − 464, − 7 100

表 8.13　样条 13 坐标点

点	坐标	点	坐标
点 1	0, − 1 169, − 35 200	点 2	1 241, − 652, − 35 200
点 3	1 841,572, − 35 200	点 4	1 672,1 917, − 35 200
点 5	674,2 823, − 35 200	点 6	− 674,2 823, − 35 200
点 7	− 1 672,1 917, − 35 200	点 8	− 1 841,572, − 35 200
点 9	− 1 241, − 652, − 35 200		

表 8.14　样条 14 坐标点

点	坐标	点	坐标
点 1	0, − 1 020, − 36 700	点 2	1 224, − 540, − 36 700
点 3	1 833,640, − 36 700	点 4	1 656,1 950, − 36 700
点 5	660,2 808, − 36 700	点 6	− 660,2 808, − 36 700
点 7	− 1 656,1 950, − 36 700	点 8	− 1 833,640, − 36 700
点 9	− 1 224, − 540, − 36 700		

表 8.15　样条 15 坐标点

点	坐标	点	坐标
点 1	0, − 808, − 38 200	点 2	1 189, − 390, − 38 200
点 3	1 796,719, − 38 200	点 4	1 612,1 966, − 38 200
点 5	633,2 752, − 38 200	点 6	− 633,2 752, − 38 200
点 7	− 1 612, − 1 966, − 38 200	点 8	− 1 796,719, − 38 200
点 9	− 1 189, − 390, − 38 200		

表 8.16　样条 16 坐标点

点	坐标	点	坐标
点 1	0,538, − 39 700	点 2	1 124, − 196, − 39 700
点 3	1 713,815, − 39 700	点 4	1 526,1 969, − 39 700
点 5	590, 2 661, − 39 700	点 6	− 590,2 661, − 39 700
点 7	− 1 526,1 969, − 39 700	点 8	− 1 713,815, − 39 700
点 9	− 1 124, − 196, − 39 700	点 10	

表 8.17　样条 17 坐标点

点	坐标	点	坐标
点 1	0, − 225, − 41 200	点 2	1 020,41,41 200
点 3	1 568,929, − 41 200	点 4	1 388,1 957, − 41 200
点 5	529,2 545, − 41 200	点 6	− 529,2 545, − 41 200
点 7	− 1 388,1 957, − 41 200	点 8	− 1 568,929, − 41 200
点 9	− 1 020,41, − 41 200		

表 8.18　样条 18 坐标点

点	坐标	点	坐标
点 1	0,98, − 42 700	点 2	872,304, − 42 700
点 3	1 343,1 053, − 42 700	点 4	1 187,1 926, − 42 700
点 5	450,2 414, − 42 700	点 6	− 450,2 414,42 700
点 7	− 1 187,1 926, − 42 700	点 8	− 1 343,1 053, − 42 700
点 9	− 872,304, − 42 700		

表 8.19　样条 19 坐标点

点	坐标	点	坐标
点 1	0,438, − 44 200	点 2	675,605, − 44 200
点 3	1 025,1 197, − 44 200	点 4	909,1 879, − 44 200
点 5	350,2 276, − 44 200	点 6	− 350,2 276, − 44 200
点 7	− 909,1 879, − 44 200	点 8	− 1 025,1 197, − 44 200
点 9	− 675,605, − 44 200		

表 8.20　样条 20 坐标点

点	坐标	点	坐标
点 1	0,1 372, − 46 965	点 2	81,1 453, − 46 965
点 3	0,1 534, − 46 965	点 4	− 81,1 453, − 46 965

结果生成如图 8.5 所示的样条曲线。

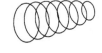

图 8.5　样条曲线

4. 创建曲面

（1）选择"菜单→插入→网格曲面→通过曲线组"命令，或单击"曲面"选项卡"曲面"面组上的"通过曲线组"按钮，打开如图 8.6 所示的"通过曲线组"对话框。

图 8.6　"通过曲线组"对话框

（2）选择步骤 3 创建的点 1，单击鼠标中键，然后选择样条曲线 1，单击鼠标中键，选择样条曲线 2，单击鼠标中键，选择样条曲线 3，单击鼠标中键，并保持样条曲线的矢量方向一致，如图 8.7 所示。单击"确定"按钮。完成曲面 1 的创建，如图 8.8 所示。

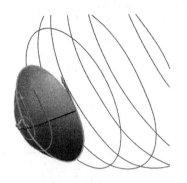

图 8.7　选取截面线

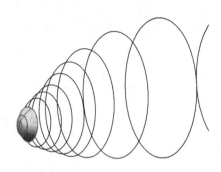

图 8.8　创建曲面 1

5. 创建曲面

（1）选择"菜单→插入→网格曲面→通过曲线组"命令，或单击"曲面"选项卡"曲面"面组上的"通过曲线组"按钮，打开"通过曲线组"对话框。

（2）选择样条曲线 4，单击鼠标中键，同上步骤依次选择样条曲线 5，单击鼠标中键，直到样条曲线 20，如图 8.9 所示。

图 8.9　选取截面线

（3）单击"通过曲线组"对话框中的"确定"按钮，完成如图 8.10 所示的实体的创建。

图 8.10　创建机身

6. 隐藏图层

（1）选择"菜单→插入→显示和隐藏→隐藏"命令，打开如图 8.11 所示的"类选择"对话框。

（2）单击"类型过滤器"按钮，打开如图 8.12 所示的"按类型选择"对话框，选择"曲"和"点"选项，单击"确定"按钮。

图 8.11　"类选择"对话框

图 8.12　"按类型选择"对话框

（3）返回到"类选择"对话框，单击"全选"按钮，选中视图中所有的曲线和点，单击"确定"按钮，隐藏曲线和点，结果如图 8.13 所示。

图 8.13　选择"曲线"类型

7.创建长方体

（1）选择"菜单→插入→设计特征→长方体"命令或单击"主页"选项卡"特征"面组上的"块"按钮，打开"块"对话框，选择"两个对角点"类型，如图 8.14 所示。

（2）单击"点对话框"按钮，在打开的"点"对话框中输入点 1（1 860，－1 480，－18 829），单击"确定"按钮；输入点 2（－1 860，607，－26 455），单击"确定"按钮，返回"块"对话框。

（3）在"布尔"中选择"求和"，最后单击"确定"按钮完成长方体的创建。

8.创建拔模角

（1）选择"菜单→插入→细节特征→拔模"命令或单击"主页"选项卡中"特征"面组上的"拔模"按钮，打开"拔模"对话框。

（2）选择长方体的底面为固定面，选择"－YC 轴"为拔模方向，选择长方体的前面为要拔模的面，在角度 1 选项中输入 70，如图 8.15 所示。单击"应用"按钮，创建前平面的拔模，结果如图 8.16 所示。

（3）同上步骤对后平面进行拔模，拔模角度为 75，最后生成模型，如图 8.17 所示。

9.倒圆角

（1）选择"菜单→插入→细节特征→边倒圆"命令或单击"特征"工具栏中的"边倒圆"按钮，打开"边倒圆"对话框，如图 8.18 所示。

图 8.14 "块"对话框

图 8.15 "拔模"对话框

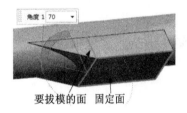

图 8.16 前平面的拔模

图 8.17 模型

（2）在半径 1 选项中输入 800。选择如图 8.19 所示的两条边，单击"应用"按钮，完成边倒圆操作。

图 8.18 "连倒圆"对话框

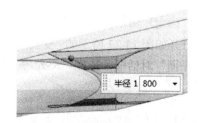

图 8.19 选择圆角边

（3）同上步骤，依次选择如图 8.20 所示的圆角边，单击"确定"按钮，创建圆角，如图 8.21所示。

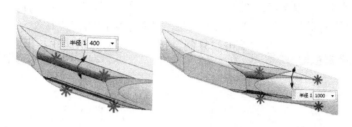

图 8.20　选择圆角边

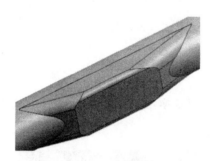

图 8.21　倒圆角

8.2　机　　翼

1.绘制点

选择"菜单→插入→基准/点→点"命令，或单击"主页"选项卡中"特征"面组上的"基准点"按钮，打开"点"对话框，分别创建表 8.21 中所示各点。

表 8.21　样条坐标点

点	坐标	点	坐标
点 1	18 740,1 359, − 29 015	点 2	18 740,1 319, − 28 689
点 3	18 740,1 294, − 28 329	点 4	18 740,1 286, − 27 990
点 5	18 740,1 275, − 27 756	点 6	18 740,1 274, − 27 607
点 7	18 740,1 276, − 27 471	点 8	18 740,1 303, − 27 301
点 9	18 740,1 372, − 27 213	点 10	18 740,1 372, − 29 015

2.移动坐标

选择"菜单→格式→WCS→动态"命令，用鼠标选择点 10 为动态坐标系的系统原点，单击鼠标中键，完成动态坐标系的设置。

3. 镜像点

(1)选择"菜单→编辑→变换"命令,打开"变换"对话框。选择点 1 到点 9 各点,单击"确定"命令。

(2)打开如图 8.22 所示的"变换"对话框。单击"通过一平面镜像"按钮。打开如图 8.23 所示的"平面"对话框,选择"$XC-ZC$ 平面"类型,单击"确定"按钮。

图 8.22 "变换"对话框

图 8.23 "平面"对话框

(3)打开如图 8.24 所示的"变换"对话框,单击"复制"按钮,完成变换操作,生成如图 8.25 所示点集。

图 8.24 "变换"对话框

4. 绘制样条曲线

(1)选择"菜单→插入→曲线→艺术样条"命令或单击"曲线"选项卡中"曲线"面组上的"艺术样条"按钮,打开"艺术样条"对话框。

(2)选择"通过点"类型,取消"封闭"复选框的勾选,其他采用默认设置。

(3)单击"点对话框"按钮,连接图 8.25 中的所有点,单击"确定"按钮,绘制样条曲线。

图 8.25 镜像点

5. 绘制直线

(1)选择"菜单→插入→曲线→直线"命令,打开如图 8.26 所示的"直线"对话框。

图 8.26　"直线"对话框

(2)选择起点和终点选项为"点",步骤点 1 和镜像后的点 1,单击"确定"按钮,连接直线,形成封闭曲线 1,如图 8.27 所示。

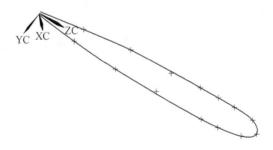

图 8.27　曲线 1 的创建

6. 转换坐标系

选择"菜单→格式→WCS→定向"命令,打开如图 8.28 所示的"CSCY"对话框。选择"绝对 CSYS"类型,单击"确定"按钮,完成坐标系的转换。

图 8.28　"CSYS"对话框

7. 创建点

选择"菜单→插入→基准/点→点"命令,或单击"主页"选项卡"特征"面组上的"基准点"按钮,打开"点"对话框,分别创建如表 8.22 所示的样条坐标点。

表8.22　样条坐标点

点	坐标	点	坐标
点1	2 300, −172, −26 241	点2	2 300, −377, −24 203
点3	2 300, −475, −23 272	点4	2 300, −586, −22 021
点5	2 300, −643, −21 137	点6	2 300, −679, −19 836
点7	2 300, −581, −18 863	点8	2 300, −531, −18 723
点9	2 300, −458, −18 581	点10	2 300, −353, −18 434
点11	2 300, −159, −18 320	点12	2 300, −159, −26 241

8. 绘制样条曲线

同步骤4和步骤5,创建曲线2,如图8.29所示。在点的变换过程中,将坐标系移动到点12上。

9. 绘制直线

(1)选择"菜单→插入→曲线→直线"命令,打开如图8.30所示的"直线"对话框。

曲线2　XC

曲线1

图8.29　创建曲线1

图8.30　"直线"对话框

(2)输入起点(18 740,1 372,−27 213),输入终点(2 300,−159,−18 320),连续单击"确定"按钮,完成直线1的创建。

(3)同上步骤创建起点(18 740,1 372,−29 015),终点(7 591,429,−26 241)的直线2。同上步骤创建起点(7 591,429,−26 241)、终点(2 300,−159,−26 241)的直线3,生成曲线,如图8.31所示。

10. 连接曲线

(1)选择"菜单→插入→派生曲线→连接"命令,打开"连接曲线"对话框。

(2)设置如图8.32所示。依次选择图8.31中曲线1的样条曲线和直线,单击"应用"按钮,完成连接操作。

(3)同上步骤完成曲线2中的样条曲线和直线的连接,完成直线2和直线3的连接操作。

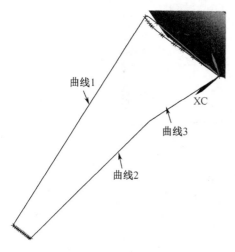

图 8.31　绘制直线

图 8.32　"连接曲线"对话框

11. 网格曲面

（1）选择"菜单→插入→网格曲面→通过曲线网格"命令，或单击"曲面"选项卡"曲面"面组上的"通过曲线网格"按钮，打开"通过曲线网格"对话框，如图 8.33 所示。

（2）选择曲线 1 和曲线 2 主曲线，选择直线 1、直线 2 和直线 3 组成的连接曲线为交叉曲线。单击"确定"按钮，完成通过曲线网格操作，生成如图 8.34 所示的模型。

12. 创建拉伸

（1）选择"菜单→插入→设计特征→拉伸"命令，或单击"主页"选项卡"特征"面组上的"拉伸"按钮，打开如图 8.35 所示的"拉伸"对话框。

（2）选择上步绘制的曲线 2 为拉伸曲线。

（3）在指定矢量下拉列表中选择"XC 轴"为拉伸方向。

（4）在"开始距离"和"结束距离"数值栏中输入 0,600，在布尔下拉列表中选择"求和"，单击"确定"按钮，结果如图 8.36 所示。

13. 拔模

（1）选择"菜单→插入→细节特征→拔模"命令或单击"主页"选项卡"特征"面组上的"拔模"按钮，打开如图 8.37 所示的"拔模"对话框。

图 8.33　"通过曲线网格"对话框

（2）选择拉伸体的底面为固定面，选择"XC 轴"为拔模方向，选择拉伸体的侧面为要拔模的面，输入角度为 30，如图 8.38 所示。单击"确定"按钮，创建拔模，如图 8.39 所示。隐藏创建机翼所使用的点和曲线。

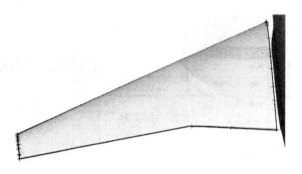

图8.34　通过曲线网格体

图8.35　"拉伸"对话框

图8.36　拉伸体

14. 合并操作

(1)选择"菜单→插入→组合→合并"命令,或单击"主页"选项卡"特征"面组上的"合并"按钮,打开如图8.40所示的"合并"对话框。

(2)依次选择机身和机翼,单击"确定"按钮,将机身和机翼进行布尔合并操作。

15. 镜像特征

(1)将坐标系放置到绝对坐标系。选择"菜单→插入→关联复制→镜像特征"命令,或单击"主页"选项卡中"特征"面组上的"镜像特征"按钮,打开如图8.41所示的"镜像特征"对话框。

(2)选择网格,拉伸和拔模特征为要镜像的特征。

(3)在平面下拉列表中选择"新平面"选项,在指定下拉列表中选择"$yc - zc$ 平面"。

图 8.37　"拔模"对话框

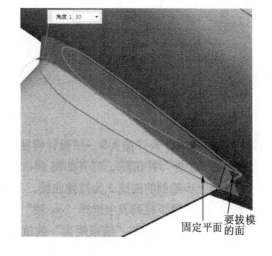

图 8.38　拔模示意图

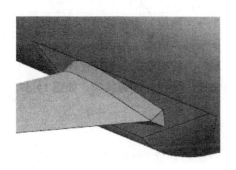

图 8.39　拔模

图 8.40　"合并"对话框

（4）单击"确定"按钮，完成镜像特征操作，生成如图 8.42 所示的模型。

（5）同步骤 14 进行机翼和机身的合并操作。

图 8.41　"镜像特征"对话框

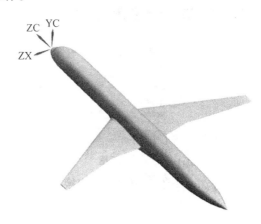

图 8.42　拔模

8.3 尾 翼

1. 创建曲线

(1)隐藏机身和机翼。

(2)选择"菜单→插入→基准/点→点→点"命令,或单击"主页"选项卡"特征"面组上的"点"按钮,打开"点"对话框,分别创建如表 8.23 中所示的各点。

表 8.23 样条坐标点

点	坐标	点	坐标
点 1	7 450,2 113,－46 637	点 2	7 450,2 101,－46 495
点 3	7 450,2 061,－45 867	点 4	7 450,2 047,－45 462
点 5	7 450,2 046,－45 207	点 6	7 450,2 048,－45 175
点 7	7 450,2 054,－45 111	点 8	7 450,2 062,－45 069
点 9	7 450,2 075,－45 012	点 10	7 450,2 087,－44 966
点 11	7 450,2 105,－44 919	点 12	7 450,2 126,－44 897
点 13	7 450,2 126,－46 637		

2. 移动坐标

选择"菜单→格式→WCS→动态"命令,用鼠标选择点 13 为动态坐标系的系统原点,单击鼠标中键,完成动态坐标系的设置。

3. 镜像点

(1)选择"菜单→编辑→变换"命令,打开"变换"对话框。选择点 1 到点 12 各点,单击"确定"命令。

(2)打开如图 8.43 所示的"变换"对话框。单击"通过一平面镜像"按钮,打开图 8.44 所示的"平面"对话框,选择"XC－ZC 平面"类型,单击"确定"按钮。

图 8.43 "变换"对话框

图 8.44 "平面"对话框

（3）打开如图 8.45 所示的"变换"对话框,单击"复制"按钮完成变换操作,生成如图 8.46所示点集。

图 8.45　"变换"对话框

4.绘制样条曲线

（1）选择"菜单→插入→曲线→艺术样条"命令或单击"曲线"选项卡"曲线"面组上的"艺术样条"按钮,打开"艺术样条"对话框。

（2）选择"通过点"类型,在"选择条"中单击"现有点"按钮,连接图 8.46 中所示的所有点,绘制样条曲线。

图 8.46　镜像点

5.绘制直线

（1）选择"菜单→插入→曲线→直线"命令,打开如图 8.47 所示的"直线"对话框。

图 8.47　"直线"对话框

（2）选择起点和终点选项为"点"，选择点 1 为起点，选择镜像后的点 1 为终点，单击"确定"按钮，连接直线，形成封闭曲线 1，如图 8.48 所示。

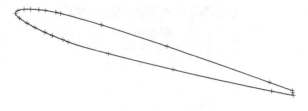

图 8.48　曲线 1 的创建

6. 绘制点

将坐标系放置到绝对坐标系。选择"菜单→插入→基准/点→点"命令，或单击"主页"选项卡中"特征"面组上的"点"按钮，打开"点"对话框，分别创建如表 8.24 中所示的各点。

表 8.24　样条坐标点

点	坐标	点	坐标
点 1	1 650，1 319，－45 186	点 2	1 650，1 233，－44 262
点 3	1 650，1 148，－43 321	点 4	1 650，1 103，－42 671
点 5	1 650，1 077，－41 879	点 6	1 650，1 080，－41 634
点 7	1 650，1 104，－41 396	点 8	1 650，1 131，－41 263
点 9	1 650，1 184，－41 071	点 10	1 650，1 250，－40 919
点 11	1 650，1 332，－40 870	点 12	1 650，1 332，－45 186

同步骤 2 创建曲线 2，以点 12 为坐标原点，如图 8.49 所示。

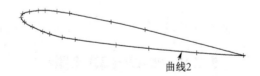

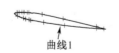

图 8.49　创建曲线 2

7. 连接曲线

(1)选择"菜单→插入→来自曲线集的曲线→连接"命令,打开"连接曲线"对话框。

(2)依次选择组成曲线 1 的样条曲线和直线,并在对话框中设置选项,选择输入曲线"隐藏",其他按系统默认设置,单击"应用"按钮,完成连接操作。

(3)同上步骤完成曲线 2 中的样条曲线和直线的连接操作。

8. 创建曲面

(1)选择"菜单→插入→网格曲面→通过曲线组"命令,或单击"曲面"选项卡"曲面"面组上的"通过曲线组"按钮,打开"通过曲线组"对话框。

(2)选择曲线 1,单击鼠标中键,选择曲线 2,单击鼠标中键,单击"确定"按钮,完成曲面实体的创建,如图 8.50 所示。

9. 设置工作层

(1)选择"菜单→格式→WCS→定向"命令,打开"CSCY"对话框。

(2)选择"绝对 CSYS"类型,单击"确定"按钮,将坐标系返回绝对坐标系。

(3)显示机身和机翼,生成模型,如图 8.51 所示。

图 8.50　创建曲面　　　　　　　　　　图 8.51　显示图形

10. 创建拉伸

(1)选择"菜单→插入→设计特征→拉伸"命令,或单击"主页"选项卡"特征"面组上的"拉伸"按钮,打开如图 8.52 所示的"拉伸"对话框。

(2)选择曲线 2 为拉伸曲线。

(3)选择"矢量"按钮,打开如图 8.53 所示的"矢量"对话框,在"指定出发点"中选择曲线 1 的点 13,"指定终止点"选择曲线 2 的点 12,单击"确定"按钮,返回"拉伸"对话框。

(4)在拉伸对话框中的"结束距离"输入 1000,单击"确定"按钮,完成拉伸操作,生成模型,如图 8.54 所示。

11. 镜像特征

(1)将坐标系放置到绝对坐标系。选择"菜单→插入→关联复制→镜像特征"命令,或单击"主页"选项卡"特征"面组上的"镜像特征"按钮,打开如图 8.55 所示的"镜像特征"对话框。

(2)选择曲面实体和拉伸特征为要镜像的特征。

图 8.52 "拉伸"对话框

图 8.53 "矢量"对话框

图 8.54 拉伸体

图 8.55 "镜像特征"对话框

（3）在平面下拉列表中选择"新平面"选项，在指定平面下拉列表中选择"*YC – ZC* 平面"，单击"确定"按钮，完成镜像特征操作，生成如图 8.56 所示的模型。

12. 合并操作

（1）选择"菜单→插入→组合→合并"命令，或单击"主页"选项卡"特征"面组上的"合并"按钮，打开"合并"对话框。

（2）依次选择两尾翼与机身。单击"确定"按钮，将两尾翼与机身进行布尔合并操作。

13. 边倒圆

（1）隐藏曲线和点。

（2）选择"菜单→插入→细节特征→边倒圆"命令，或单击"主页"选项卡"特征"面组上的"边倒圆"按钮,打开如图 8.57 所示的"边倒圆"对话框。

图 8.56　镜像特征

图 8.57　"边倒圆"对话框

(3)设置半径为 500,选择如图 8.58 所示的尾翼与机身结合部分进行倒圆。

(4)单击"确定"按钮,创建倒圆角,结果如图 8.59 所示。

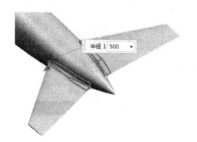

图 8.58　选择倒圆角边

图 8.59　倒圆角

14. 创建曲线

(1)隐藏机身和机翼。

(2)选择"菜单→插入→基/点→点"命令,或单击"主页"选项卡"特征"面组的"点"按钮,打开"点"对话框,分别创建如表 8.25 中所示的各点。

表 8.25　坐标点

点	坐标	点	坐标
点 1	0,10 034,−47 316	点 2	46,10 034,−47 004
点 3	93,10 034,−46 691	点 4	134,10 034,−46 377
点 5	162,10 034,−46 063	点 6	178,10 034,−45 432
点 7	175,10 034,−45 275	点 8	163,10 034,−45 117
点 9	123,10 034,−44 965	点 10	0,10 034,−44 880

15. 移动坐标

选择"菜单→格式→WCS→动态"命令,用鼠标选择点 10 为动态坐标系的系统原点,单击鼠标中键,完成动态坐标系的设置。

16. 镜像点

(1)选择"菜单→编辑→变换"命令,打开"变换"对话框。选择点 1 到点 9 各点,单击"确定"命令。

(2)打开如图 8.60 所示的"变换"对话框,单击"通过一平面镜像"按钮。打开如图 8.61 所示的"平面"对话框,选择"$YC-ZC$ 平面"类型,单击"确定"按钮。

图 8.60 "变换"对话框

图 8.61 "平面"对话框

(3)打开如图 8.62 所示的"变换"对话框,单击"复制"按钮,完成变换操作。

图 8.62 "变换"对话框

17. 绘制样条曲线

(1)选择"菜单→插入→曲线→样条曲线"命令或单击"曲线"选项卡"曲线"面组上的"艺术样条"按钮,打开"艺术样条"对话框。

(2)选择"通过点"类型,勾选"封闭"复选框,连接所有点,绘制样条曲线,如图 8.63 所示。

图 8.63 曲线 1 的创建

（3）将坐标系返回绝对坐标系。

18. 绘制点

选择"菜单→插入→基准/点→点"命令或单击"主页"选项卡"特征"面组上的"点"按钮，打开"点"对话框，分别创建如表 8.26 中所示的各点。

表 8.26　坐标点

点	坐标	点	坐标
点 1	0,2 942, − 44 567	点 2	126,2 942, − 43 492
点 3	203,2 942, − 42 411	点 4	234,2 942, − 41 328
点 5	234,2 942, − 40 245	点 6	219,2 942, − 39 162
点 7	200,2 942, − 38 079	点 8	178,2 942, − 36 860
点 9	147,2 942, − 35 973	点 10	97,2 942, − 36 056
点 11	0,2 942, − 35 973		

19. 移动坐标

选择"菜单→格式→WCS→动态"命令，用鼠标选择点 11 为动态坐标系的系统原点，单击鼠标中键，完成动态坐标系的设置。

20. 镜像点

（1）选择"菜单→编辑→变换"命令，打开"变换"对话框。选择点 1 到点 10 各点，单击"确定"命令。

（2）打开如图 8.64 所示的"变换"对话框。单击"通过一平面镜像"按钮，打开如图8.65 所示的"平面"对话框，选择"YC − ZC 平面"类型，单击"确定"按钮。

图 8.64　"变换"对话框

图 8.65　"平面"对话框

（3）打开如图 8.66 所示的"变换"对话框，单击"复制"按钮，完成变换操作。

21. 绘制样条曲线

（1）选择"菜单→插入→曲线→艺术样条"命令或单击"曲线"选项卡"曲线"面组上的"艺术样条"按钮，打开"艺术样条"对话框。

图 8.66　"变换"对话框

（2）选择"通过点"类型，勾选"封闭"复选框，连接点，分别绘制样条曲线，如图 8.67 所示。

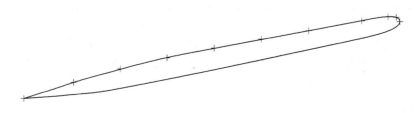

图 8.67　创建曲线 2

（3）将坐标系返回绝对坐标系。

22.创建点

选择"菜单→插入→基准/点→点"命令或单击"主页"选项卡"特征"面组上的"点"按钮，打开"点"对话框，分别创建如表 8.27 中所示的各点。

表 8.27　坐标点

点	坐标	点	坐标
点 1	0,10 034，－44 880	点 2	0,8 451，－43 314
点 3	0,3 868，－38 779	点 4	0,3 419，－38 230
点 5	0,3 149，－37 460	点 6	0,2 942，－35 973

23.绘制样条曲线

（1）选择"菜单→插入→曲线→艺术样条"命令或单击"曲线"选项卡"曲线"面组上的"艺术样条"按钮，打开"艺术样条"对话框。

（2）选择"通过点"类型，取消"封闭"复选框的勾选，连接表 8.27 中的点，分别绘制样条曲线 3。

24. 绘制直线

（1）选择"菜单→插入→曲线→直线"命令，打开"直线"对话框。

（2）选择起点和终点选项为"点"，输入起点（0，10 034，－ 47 316），终点（0，2 942，－44 567），单击"确定"按钮，创建直线，如图 8.68 所示。

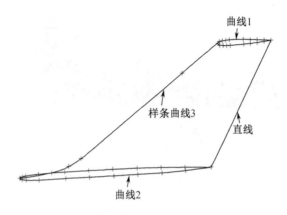

图 8.68　创建曲线

25. 创建曲面

（1）选择"菜单→插入→网格曲面→通过曲线网格"命令，或单击"曲面"选项卡"曲面"面组上的"通过曲线网格"按钮，打开"通过曲线网格"对话框。

（2）选择曲线 1、曲线 2 为主曲线，选择样条曲线 3 和直线段为交叉曲线，单击"确定"按钮，完成网格操作，生成如图 8.69 所示的模型。

26. 创建拉伸

（1）选择"菜单→插入→设计特征→拉伸"命令，或单击"主页"选项卡"特征"面组上的"拉伸"按钮，打开如图 8.70 所示的"拉伸"对话框。

图 8.69　创建曲线

图 8.70　"拉伸"对话框

（2）选择曲线 2 为拉伸曲线，在"指定矢量"下拉列表中选择"曲线/轴矢量"，选择直线为矢量方向，在"结束距离"输入 1000。

（3）在"布尔"下拉列表中选择"求和"，单击"确定"按钮，完成拉伸操作。

（4）显示机身和机翼，生成的模型如图 8.71 所示。

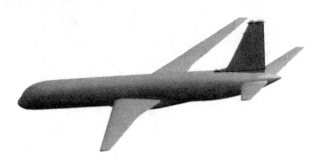

图 8.71　拉伸体

8.4　发　动　机

1. 创建长方体

（1）隐藏曲线和点。

（2）选择"菜单→插入→设计特征→长方体"命令或单击"主页"选项卡"特征"面组上的"块"按钮，打开"块"对话框，如图 8.72 所示。

图 8.72　"块"对话框

（3）选择"原点和边长"类型，在点对话框中输入长方体的起点（6 088，－900，－24 941），单击"确定"按钮。

（4）返回到"块"对话框，在长度、宽度和高度文本框中输入433,1 200,7 839,单击"确定"按钮，完成长方体的创建，如图8.73所示。

图8.73 创建长方体

2. 创建倒斜角

（1）选择"菜单→插入→细节特征→倒斜角"命令或单击"主页"选项卡"特征"面组上的"倒斜角"按钮，打开如图8.74所示的"倒斜角"对话框。

图8.74 "倒斜角"对话框

（2）选择"非对称"横截面，输入距离1为850，输入距离2为4700。

（3）选择如图8.75所示的长方体的前端面的下边，单击"应用"按钮，完成倒斜角1的操作。

（4）同上步骤，分别在"距离1"和"距离2"中输入1200,1000,选择如图8.76所示的长方体的后端面的下边，单击"确定"完成倒斜角2的操作，生成模型如图8.77所示。

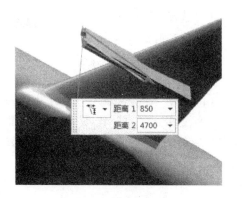

图8.75 选择倒斜角边

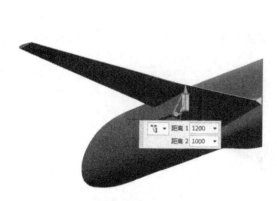

图 8.76　选择倒斜角边

图 8.77　倒斜角

3. 绘制点

选择"菜单→插入→基准/点→点"命令,或单击"主页"选项卡"特征"面组上的"点"按钮,打开"点"对话框,分别创建如表 8.28 所示的各点。

表 8.28　坐标点

点	坐标	点	坐标
点 1	6 340, - 2 241, - 16 631	点 2	6 346, - 2 356, - 16 818
点 3	6 384, - 2 520, - 18 066	点 4	6 420, - 2 490, - 19 256
点 5	6 451, - 2 337, - 20 277	点 6	6 342, - 1 048, - 16 699
点 7	6 451, - 1 248, - 20 277		

4. 绘制样条曲线

(1)选择"菜单→插入→曲线→艺术样条"命令或单击"曲线"选项卡"曲线"面组上的"艺术样条"按钮,打开"艺术样条"对话框。

(2)选择"通过点"类型,连接如表 8.27 中所示的点 1 到点 5,绘制样条曲线。

5. 绘制直线

(1)选择"菜单→插入→曲线→直线"命令,打开"直线"对话框。

(2)选择起点和终点选项为"点",捕捉点 6 和点 7,单击"确定"按钮,创建直线,如图8.78所示。

6. 创建旋转

(1)选择"菜单→插入→设计特征→旋转"命令或单击"主页"选项卡"特征"面组上的"旋转"按钮,打开"旋转"对话框,如图8.79 所示。

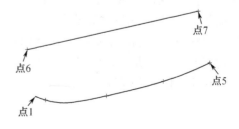

图 8.78　绘制曲线

图 8.79　"旋转"对话框

（2）选择如图 8.80 所示的样条曲线为截面曲线，选择直线段为旋转轴，并在开始角度和结束角度中分别输入 0,360，单击"确定"按钮，完成旋转操作，生成的模型如图 8.80 所示。

7. 创建凸台

（1）选择"菜单→插入→设计特征→凸台"命令或单击"主页"选项卡"特征"面组上的"凸台"按钮，打开"凸台"对话框，如图 8.81 所示。

图 8.80　旋转体

图 8.81　"凸台"对话框

（2）在对话框中的直径和高度选项中分别输入 1720,2322，选择上步创建的回转体的后端面为凸台放置面，单击"确定"按钮。

（3）打开"定位"对话框，选择"点到点"按钮。选择放置面的圆弧中心，打开"设置圆弧的位置"对话框，单击"圆弧中心"按钮，单击"确定"按钮。完成凸台的创建，生成如图 8.82 所示的模型。

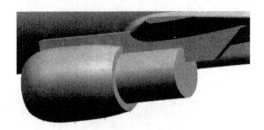

图 8.82　创建凸台

8.拔模操作

(1)选择"菜单→插入→细节特征→拔模"命令或单击"主页"选项卡"特征"面组上的"拔模"按钮,打开"拔模"对话框,设置如图 8.83 所示。

图 8.83　"拔模"对话框

(2)在指定矢量下拉列表中选择 *ZC* 轴为拔模矢量方向,选择旋转体的底面为固定平面,选择凸台的圆柱面为要拔模的面,输入拔模角度为12,如图 8.84 所示。

(3)单击"确定"按钮,完成拔模体的操作,如图 8.85 所示。

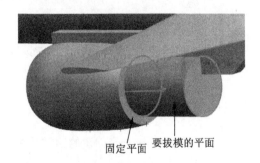

固定平面　要拔模的平面

图 8.84　拔模示意图

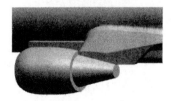

图 8.85　拔模体

9. 倒圆角

（1）选择"菜单→插入→细节特征→边倒圆"命令或单击"主页"选项卡"特征"面组上的"边倒圆"按钮，打开如图 8.86 所示的"边倒圆"对话框。

（2）设置半径为 500，选择如图 8.87 所示的旋转体两边进行倒圆。

图 8.86　"边倒圆"对话框

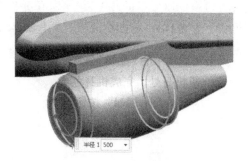

图 8.87　选择倒圆边

（3）单击"确定"按钮，完成倒圆角，如图 8.88 所示。

10. 镜像特征

（1）选择"菜单→插入→关联复制→镜像特征"命令或单击"主页"选项卡"特征"面组上"更多"库下的"镜像特征"按钮，打开如图 8.89 所示的"镜像特征"对话框。

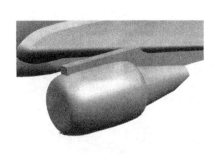

图 8.88　倒圆角

图 8.89　"镜像特征"对话框

（2）选择长方体特征、旋转体特征、凸台特征为要镜像的特征。

（3）在指定下拉列表中选择"$YC-ZC$ 平面"，单击"确定"按钮，完成镜像特征操作，生成如图 8.90 所示的模型。

图 8.90 镜像特征

11. 渲染处理

（1）按住鼠标右键并保持一会，在屏幕中鼠标处打开如图 8.91 所示的对话框，单击"艺术外观"按钮，单击屏幕左侧的系统材料按钮。

图 8.91 对话框   图 8.92 "系统材料"对话框

（2）从侧面打开如图 8.92 所示的"系统材料"对话框。

（3）单击对话框中的"金属"选项，打开如图 8.93 所示的各种材料材质，单击"Aluminum"，并拖至飞机机身处，完成机身色彩的渲染。

（4）单击"Stainless Stel"按钮，并拖至两个发动机处，完成发动机的色彩渲染。最后生成如图 8.94 所示的模型。

图 8.93 各种材料材质   图 8.94 飞机模型